景宁石松类和蕨类植物

Lycophytes and Ferns of Jingning

主 编

王宗琪　许元科
林　坚　周天焕

ZHEJIANG UNIVERSITY PRESS
浙江大学出版社
·杭州·

图书在版编目（CIP）数据

景宁石松类和蕨类植物 / 王宗琪等主编 . -- 杭州 ：
浙江大学出版社，2024. 7. -- ISBN 978-7-308-25297-3

Ⅰ . Q949.360.8

中国国家版本馆 CIP 数据核字第 2024TM6236 号

景宁石松类和蕨类植物

王宗琪　许元科　林　坚　周天焕　主编

责任编辑	季　峥
责任校对	蔡晓欢
封面设计	浙信文化
出版发行	浙江大学出版社
	（杭州市天目山路 148 号　邮政编码 310007）
	（网址 : http://www. zjupress. com）
排　　版	杭州晨特广告有限公司
印　　刷	浙江海虹彩色印务有限公司
开　　本	787mm × 1092mm　1/16
印　　张	19
字　　数	238 千
版 印 次	2024 年 7 月第 1 版　2024 年 7 月第 1 次印刷
书　　号	ISBN 978-7-308-25297-3
定　　价	298.00 元

序
FOREWORD

　　浙江省景宁畲族自治县(简称景宁)位于浙江省西南部,是中国唯一的畲族自治县,也是华东地区唯一的少数民族自治县。它素有"浙江的西双版纳、华东的香格里拉"之美誉,有着得天独厚的自然环境,蕴育了丰富的动植物资源。

　　2014年以来,景宁石松类和蕨类植物专项调查组发现浙江省新记录属车前蕨属,浙江省新记录种长柄车前蕨、毛蓢蕨、墨兰瓶蕨、管苞瓶蕨、二型肋毛蕨、黑叶角蕨、假耳羽短肠蕨和大盖铁角蕨等8种。参考 *Flora of China* 的分类系统,景宁有石松类和蕨类植物30科89属316种,其中,国家二级重点保护野生植物有长柄石杉、峨眉石杉、四川石杉、福氏马尾杉、柳杉叶马尾杉、闽浙马尾杉、福建观音座莲、金毛狗和水蕨等9种。

　　景宁自然环境优美,植物多样性丰富,是植物爱好者观察和研究石松类与蕨类植物的最佳自然课堂之一。《景宁石松类和蕨类植物》以文字加图片的形式介绍了景宁30科86属222种石松类和蕨类植物,对每一个物种的形态特征、生境、在景宁和全国分布地进行了描述;编制了各科的分属检索表;提供了目前最全面的景宁石松类和蕨类植物名录。

　　《景宁石松类和蕨类植物》图文并茂、设计精美,生动地展示了景宁丰富的石松类和蕨类植物资源,是一部介于专业志书与科普读物之间的著作,可作为相关专业人士、学校师生、自然教育从业人员、植物爱好者等的参考书。该书是景宁基层林业工作人员多年来不辞辛劳、坚持不懈地深入调查的成果展示,为景宁及周边地区石松类和蕨类植物多样性的调查、保护、监测,种质资源的保育和利用,以及自然教育的开展提供有力支撑。

中国科学院植物研究所研究员
中国植物学会蕨类植物专业委员会主任

前　言

PREFACE

　　景宁畲族自治县(简称景宁)位于浙江省西南部,是中国唯一的畲族自治县,也是华东地区唯一的少数民族自治县。景宁地处浙闽交界,东邻青田县、文成县,南衔泰顺县、福建寿宁县,西枕庆元县、龙泉市,北邻云和县,东北接莲都区,辖2个街道4个镇15个乡。

　　景宁属浙南中山区,地形复杂,海拔高低悬殊,地势从西南向东北倾斜。县域内诸山属洞宫山脉,谷深坡陡,源短流急。海拔1000m以上的山峰有779座,主要有上山头、山洋尖、白云尖、仰天湖、敕木山等,其中上山头海拔1689.1m,为全县最高峰、浙江省第五高峰。县域中部沿溪两岸有宽窄不等的河谷盆地,南部有海拔1000m以上的高山小盆地。

　　景宁属中亚热带季风气候,2010—2020年年平均气温为18.0℃,年平均降水量为1767.6mm,年平均日照总时数为1489.7h。

　　景宁县域内河流分属瓯江和飞云江两大水系。县域内主要河流小溪属瓯江水系,全长124.6km,主要支流有毛垟港、英川港、标溪港、梧桐坑、大赤坑、鹤溪、石门楼坑、门潭坑和大顺坑。县域南部大白坑等属飞云江水系,发源于上标林场白云林区。县域内四季分明,冬夏长,春秋短,温暖湿润,雨量充沛,热量、水力等资源丰富。

　　景宁根据植被带划分,处于中亚热带常绿阔叶林北部亚地带,属浙闽山丘甜槠、木荷林植被区。县域内拥有百山祖国家公园景宁分区(创建)、望东垟高山湿地省级自然保护区、大仰湖湿地群省级自然保护区、畲乡草鱼塘国家森林公园、景宁云中大漈风景名胜区和景宁九龙省级地质公园。自然保护地面积186.80km²,占县域面积的9.6%。自然保护地类型多样,森林植被等生态状况良好。

　　景宁有种子植物166科2163种(包括种以下单位,下同)。国家重点保护野生植物有51

种:国家一级重点保护野生植物有南方红豆杉(*Taxus wallichiana* var. *mairei*);国家二级重点保护野生植物有伯乐树(*Bretschneidera sinensis*)、天台鹅耳枥(*Carpinus tientaiensis*)、榧树(*Torreya grandis*)、厚朴(*Houpoea officinalis*)、鹅掌楸(*Liriodendron chinense*)、野大豆(*Glycine soja*)、莼菜(*Brasenia schreberi*)、七叶一枝花(*Paris polyphylla*)等。位于上山头的国家二级重点保护野生植物天台鹅耳枥群落为世界最大的天台鹅耳枥野生居群。

景宁蕨类植物调查研究是景宁县科技局和财政属下达的科技计划项目(2017A03)。早在2014年,项目组就在县域内开展较全面的野外考察;2019年,又进一步开展了补充调查。参考 *Flora of China* 的分类系统,项目组共发现景宁石松类和蕨类植物30科89属316种。其中,发现并发表了浙江省新记录属车前蕨属(*Antrophyum*)1个,长柄车前蕨(*Antrophyum obovatum*)、毛蕗蕨(*Hymenopyhllum exsertum*)等新记录种8个;发现国家二级重点保护野生植物9种,即长柄石杉(*Huperzia javanica*)、峨眉石杉(*Huperzia emeiensis*)、四川石杉(*Huperzia sutchueniana*)、福氏马尾杉(*Phlegmariurus fordii*)、柳杉叶马尾杉(*Phlegmariurus cryptomerinus*)、闽浙马尾杉(*Phlegmariurus mingcheensis*)、福建观音座莲(*Angiopteris fokiensis*)、金毛狗(*Cibotium barometz*)、水蕨(*Ceratoptersi thalictroides*);发现浙江省最大福建观音座莲野生居群。

为便于大家进一步了解、认识石松类和蕨类植物及其生存环境等相关知识,本书以石松类和蕨类植物演化的顺序为主线,从生态的角度出发,根据简要的形态特征以及各个类群的适应性与生存特点,选择了景宁30科86属222种石松类和蕨类植物,介绍了每个物种的主要鉴别特征、生境、在景宁及在国内的分布范围,以展示景宁丰富的石松类和蕨类植物资源,以期在石松类和蕨类植物的科普宣传和保护中发挥应有的作用。

本书收录的蕨类植物照片主要由王宗琪、许元科、梅旭东、吴东浩、林坚等人拍摄;在项目实施和图书编写过程中,得到了张宪春、严岳鸿、丁炳扬等专家的悉心指导和帮助;工作的顺利开展,得益于浙江省丽水市生态环境局景宁分局、浙江省景宁畲族自治县生态林业发展中心、浙江省景宁畲族自治县经济商务科技局领导和同事的支持,在此一并表示衷心感谢!

限于作者水平和编研时间,书中难免存在不足和疏漏之处,敬请读者批评指正。

目 录
CONTENTS

总　论

一 自然概况

(一)地理位置

景宁畲族自治县(简称景宁)位于浙江省西南部,隶属丽水市。地理坐标东经119°11′~119°58′,北纬27°39′~28°11′,属东半球低纬度北部地区。景宁东邻青田县、文成县,南衔泰顺县、福建寿宁县,西枕庆元县、龙泉市,北邻云和县,东北连莲都区。县域总面积1950km²。

(二)地质构造

景宁属华夏陆台浙闽地盾的一部分,在震旦纪以前奠基,之后受历次构造运动影响,覆盖厚厚的火山岩,到石炭纪上升为古陆;石炭纪—二叠纪,局部地区遭受海浸;上二叠纪初,地壳变动加剧,海水开始退出,地层褶皱上升;白垩纪末第三纪初,地壳发生不均匀上升,全区均遭受激烈的侵蚀;至第四纪,冰川影响较弱。

(三)地 貌

景宁属浙南中山区,以洞宫山与福建相接。景宁地形复杂,地势高峻,谷深坡陡,海拔1000m以上山峰有779座,其中海拔1500m以上山峰有23座;此外,中山连绵,沟谷纵横,对北来的寒潮和南来的季风形成天然屏障,对气候和植被产生明显的影响。火山岩岩性坚硬,侵蚀后常形成陡崖峭壁,瀑布成群,急滩遍地;山间河谷附近是冲洪积平原区,地势较平坦,呈带状分布,一般为城镇居民聚集区。

(四)气 候

景宁地处中国冷暖气流交汇最频繁的地区,纬度低,距东海仅100km。全年受西风带与北太平洋亚热带环流交互影响,多地形雨。历年年平均降水量为1700~2000mm,局部地区在2200mm以上。但季节性差异明显:5—6月(梅雨)和7—9月(台风雨)是多雨期;春末夏初时,受冷暖气流影响,会出现狂风、暴雨和冰雹等灾害。中山地形阻挡了冷空气南下,1月8℃等温线通过县域中部,无霜期达310天。低海拔地带具备热带植物生长和培育的条件。

(五)水 文

景宁地处瓯江小溪中、上游和飞云江源头。小溪是瓯江最大的支流,发源于百山祖国家公园内,由西南向东北贯穿景宁,在青田县境内与大溪汇合后流向温州,入东海。景宁东南部水系属飞云江水系。飞云江是浙江省第四大河流,发源于望东垟高山湿地省级自然保护区(简称望东垟自然保护区)内的白云尖,由西向东流经泰顺县、文成县,在瑞安市入东海。景宁水系全属山溪性河流,众溪流呈树枝状分布,沟谷比降大,外加地处多雨区,故水力资源丰富。位于景宁鹤溪至青田滩坑的人工水库千峡湖蓄水42亿m³,水域面积70多km²,是浙江省第二大人工水库。

(六)土 壤

景宁属浙南山地黄壤红壤区,山多耕地少,森林植被特别丰富。主要的土壤是黄壤、灰化黄壤,其次是红壤,在狭长的河谷及村镇附近有水稻土分布,还有少数亚高山草甸土,局部有紫色土发育。景宁土壤分布具垂直地带性,明显的分界线在海拔750m附近,上部为黄壤,下部为红壤。

(七)植　被

县域内植被属典型的中亚常绿阔叶林,以森林植被为主,森林覆盖率为81.1%,故其原真性和完整性都得以较好的保存。由于高大的仙霞岭和括苍山耸峙北部,阻遏寒潮南下,景宁受寒冻影响很小,有多种热带植物在此分布。景宁在植物区系上属中国—日本植物亚区,但也与马来西亚植物亚区接近,瓯江以南已是南亚热带边缘,青冈、苦槠、甜槠常形成代表性的常绿阔叶林,樟科、山茶科、桑科、杜英科通常在建群层中占有一定地位,南亚热带常见的乌毛蕨、肾蕨、福建观音座莲、金毛狗、粗齿黑桫椤、华南紫萁、厚叶肋毛蕨、长柄车前蕨等也出现于景宁南部区域。次生植被为马尾松、杉木、黄山松、柳杉、枫香、拟赤杨等,还有古老的南方红豆杉、榧树、江南油杉、南方铁杉等针叶树种混生其中,或成小片分布,再加上藤本、苔藓和附生植物共生,构成美丽而复杂的林相。

 景宁石松类和蕨类植物及其区系特征

(一)石松类和蕨类植物资源丰富

在调查、采集、鉴定和查阅文献的基础上,根据《中国生物物种名录·第一卷 植物·蕨类植物》整理,景宁县域共有石松类和蕨类植物30科89属316种(含种下等级,下同),其中石松类2科5属23种,蕨类28科84属293种(详见表1)。浙江省新记录属1个,浙江省新记录种8个。1个新记录属为车前蕨属,8个新记录种分别为长柄车前蕨、毛蕗蕨、墨兰瓶蕨、管苞瓶蕨、二型肋毛蕨、黑叶角蕨、假耳羽短肠蕨、大盖铁角蕨。

表1　景宁石松类和蕨类植物科、属、种统计

序号	科名	属数	种数	序号	科名	属数	种数
1	石松科 Lycopodiaceae	4	9	11	蘋科 Marsileaceae	1	1
2	卷柏科 Selaginellaceae	1	14	12	槐叶蘋科 Salviniaceae	2	2
3	木贼科 Equisetaceae	1	2	13	瘤足蕨科 Plagiogyriaceae	1	4
4	瓶尔小草科 Ophioglossaceae	2	6	14	金毛狗科 Cibotiaceae	1	1
5	松叶蕨科 Psilotaceae	1	1	15	桫椤科 Cyatheaceae	1	1
6	合囊蕨科 Marattiaceae	1	1	16	鳞始蕨科 Lindsaeaceae	2	3
7	紫萁科 Osmundaceae	2	4	17	凤尾蕨科 Pteridaceae	9	31
8	膜蕨科 Hymenophyllaceae	3	10	18	碗蕨科 Dennstaedtiaceae	6	14
9	里白科 Gleicheniaceae	2	4	19	冷蕨科 Cystopteridaceae	2	2
10	海金沙科 Lygodiaceae	1	1	20	肠蕨科 Diplaziopsidaceae	1	1

续表

序号	科名	属数	种数	序号	科名	属数	种数
21	铁角蕨科 Aspleniaceae	2	17	26	乌毛蕨科 Blechnaceae	2	3
22	轴果蕨科 Rhachidosoraceae	1	1	27	鳞毛蕨科 Dryopteridaceae	7	66
23	金星蕨科 Thelypteridaceae	11	32	28	肾蕨科 Nephrolepidaceae	1	1
24	蹄盖蕨科 Athyriaceae	5	43	29	骨碎补科 Davalliaceae	2	3
25	球子蕨科 Onocleaceae	1	1	30	水龙骨科 Polypodiaceae	13	37
合　计				30科89属316种			

（二）种类组成多样

景宁是浙江石松类和蕨类植物主要分布区,县域内石松类和蕨类植物种类组成多样。景宁石松类和蕨类植物科、属、种数分别占浙江石松类和蕨类植物科、属、种数的85.7%、89.0%、72.1%。浙江分布的35科中,景宁仅缺5科(水韭科、双扇蕨科、岩蕨科、肿足蕨科和叉蕨科);浙江分布的100个属中,景宁只缺少11属(水韭属、燕尾蕨属、香鳞始蕨属、沼泽蕨属、膀胱蕨属、岩蕨属、荚囊蕨属、肿足蕨属、叉蕨属、骨碎补属和剑羽蕨属)。从系统发育上看,景宁石松类和蕨类植物起源古老,进化系列完整。景宁石松类有2科5属23种,只缺水韭科。在景宁蕨类的基部类群(木贼类、瓶尔小草类、松叶蕨类和合囊蕨类)俱全,有4科5属10种;早期的薄囊蕨类有3科7属18种;水生蕨类有3科4属4种;发育水平较高的水龙骨类有18科68属261种。

景宁石松类和蕨类植物温热种类共存,是中国东部中亚热带的典型地区。在景宁,鳞毛蕨属、耳蕨属和蹄盖蕨属主产于低中山针阔混交林地带,种类最多,是温带种的代表;而水龙骨科、金星蕨科、凤尾蕨科和短肠蕨属种类众多,大多分布于低山地带,通常生于常绿阔叶林下或峡谷山沟阴湿的环境,是热带种的代表。

（三）亚热带特征明显

植物区系的组成中,鳞毛蕨科的多样性丰富,占优势地位,亚热带特征明显。按石松类和蕨类植物物种数不少于10个的科为优势科统计,将鳞毛蕨科等9个优势科分析如下(表2)。

表2　优势科分析

序号	优势科	属		种	
		属数	占比/%	种数	占比/%
1	鳞毛蕨科 Dryopteridaceae	7	7.87	66	20.89
2	蹄盖蕨科 Athyriaceae	5	5.62	43	13.61
3	水龙骨科 Polypodiaceae	13	14.61	37	11.71
4	金星蕨科 Thelypteridaceae	11	12.36	32	10.13
5	凤尾蕨科 Pteridaceae	9	10.11	31	9.81

序号	优势科	属		种	
		属数	占比/%	种数	占比/%
6	铁角蕨科 Aspleniaceae	2	2.25	17	5.38
7	碗蕨科 Dennstaedtiaceae	6	6.74	14	4.43
8	卷柏科 Selaginellaceae	1	1.12	14	4.43
9	膜蕨科 Hymenophyllaceae	3	3.37	10	3.16
合计	9	57	64.04	264	83.54

9个优势科含57属264个种,分别占景宁石松类和蕨类植物总科、属、种数的30.0%、64.04%、83.54%,优势明显。单种科有10个,占景宁石松类和蕨类植物总科数的33.3%,分别为松叶蕨科、合囊蕨科、海金沙科、蘋科、金毛狗科、桫椤科、肠蕨科、轴果蕨科、球子蕨科、肾蕨科。

(四)属的地理成分类型多样

参照吴征镒对中国种子植物属的分布区类型划分,景宁石松类和蕨类植物的89个属有11个分布区类型,其中世界分布20个,泛热带分布27个,旧世界热带分布6个,热带亚洲—热带美洲间断分布4个,热带亚洲—热带大洋洲分布3个,热带亚洲—热带非洲分布7个,热带亚洲分布5个,北温带分布6个,东亚分布7个,中国—喜马拉雅分布2个,中国—日本分布2个。

(五)区域特有种不少,珍稀种类较多

景宁石松类和蕨类植物中,有56种为中国特有种,有15种为闽浙山地特有或以闽浙山地为分布中心,有9种国家重点保护类群。昂山蹄盖蕨、百山祖蹄盖蕨、松谷蹄盖蕨、尖羽角蕨、百山祖短肠蕨、相似复叶耳蕨、缩羽复叶耳蕨、阔镰鞭叶蕨等为区域特有;柳杉叶马尾杉、东南铁角蕨、大盖铁角蕨、棕鳞铁角蕨、闽浙铁角蕨、闽浙圣蕨等以闽浙山地为分布中心;长柄石杉、峨眉石杉、四川石杉、柳杉叶马尾杉、闽浙马尾杉、福氏马尾杉、福建观音座莲、金毛狗和水蕨为国家重点保护野生植物。

三 景宁石松类和蕨类植物生态类型和分布规律

从演化的完整性、物种的分化度和种类的丰富性等方面去评价,景宁在浙江省乃至华东地区,都可称得上是石松类和蕨类植物的重要分布区域。无论是海拔200m的鹤溪两岸的草丛里还是海拔1689m的上山头云锦杜鹃林下,无论是田间路旁还是房前屋后,无论是高大茂密的森林里还是低矮的草甸中,无论是树上还是崖壁上,无论是水中还是瓦背上,都可见到石松类和蕨类植物的身影。

依据地形、光照、水分和植被类型等因子不同,景宁石松类和蕨类植物生长的生态类型

大致可分为六类:暖性针叶林及针阔混交林生境,常绿阔叶林阴湿生境,毛竹林暖湿生境,温性松杉柏林冷湿生境,灌丛地及村旁路边裸岩干旱生境,溪流、农田、沼泽湿地生境。其中,常绿阔叶林阴湿生境下的物种最丰富。

1.暖性针叶林及针阔混交林生境

此生境多具受多次人为影响的次生植被。其中,马尾松林、黄山松及其混交林是天然更新植被,主要分布于山脊和平缓的阳坡;杉木林是人工栽培植被;石松类和蕨类植物有芒萁、狗脊、蕨、紫萁、乌蕨等,种类较少,但种群数量大,分布广,往往是植被草本层的重要组成部分。如芒萁在低山发育成漫山遍野的单优种群,成为强酸性土壤指示植物;蕨、乌蕨和紫萁等是新开垦地最先入驻植物。

2.常绿阔叶林阴湿生境

此生境多具较原始的常绿阔叶林,优势种为壳斗科、樟科、山茶科、木兰科和冬青科植物,伴生的有金缕梅科、蔷薇科、杜英科、安息香科、茜草科、杜鹃花科等,树种组成丰富,群落结构复杂,大多处于陡坡和峡谷地带。国内分布于此生境的石松类和蕨类植物主要有合囊蕨科、膜蕨科、瘤足蕨科、铁角蕨科、水龙骨科、石杉属、马尾杉属、阴地蕨属、稀子蕨属、钩毛蕨属、圣蕨属、茯蕨属、新月蕨属、对囊蕨属、短肠蕨属、复叶耳蕨属、节肢蕨属、鳞果星蕨属、薄唇蕨属、剑蕨属全部种类及卷柏属、凤尾蕨属、铁角蕨属、蹄盖蕨属、鳞毛蕨属部分种类。景宁60%以上石松类和蕨类分布于此生境,类群多,种群小,个体数目稀少,对环境十分敏感,一旦生境发生改变,最易成为受威胁物种。

3.毛竹林暖湿生境

毛竹林大多分布于温暖湿润地带,生长于肥沃、湿润、排水和透气性良好的酸性砂质土地带,是景宁的重要植被类型。国内分布于此生境的石松类和蕨类植物有里白、粗齿黑桫椤、边缘鳞盖蕨、疏羽凸轴蕨、金星蕨、中华短肠蕨、凤了蕨、胎生狗脊、暗鳞鳞毛蕨等。

4.温性松杉柏林冷湿生境

以黄山松、柳杉、日本冷杉和高山柏类等为优势种的温性植被广布于中山地带,在畲乡草鱼塘国家森林公园(简称草鱼塘森林公园)和望东垟自然保护区、大仰湖湿地群省级自然保护区(简称大仰湖自然保护区)最有代表性。此生境植被茂盛,土壤发育良好,腐殖质层和苔藓层深厚,冬冷夏凉,雾日多,湿度大。分布于此生境的石松类和蕨类主要有蹄盖蕨属、耳蕨属、瘤足蕨属、石松、细叶卷柏、紫柄蕨、心叶瓶尔小草、远轴鳞毛蕨、黄山鳞毛蕨、黄瓦韦、粤瓦韦、丝带蕨等。

5.灌丛地及村旁路边裸岩干旱生境

灌丛地一般是荒坡、林缘岩石裸露贫瘠干旱之地,与村庄四周和道路沿边以禾草类为主的草丛地相近,因受人为因素影响频繁而成镶嵌分布。此生境的石松类和蕨类植物主要有卷柏、节节草、松叶蕨、海金沙、毛轴碎米蕨、刺齿凤尾蕨、井栏边草、蜈蚣草、齿牙毛蕨、渐尖毛蕨、北京铁角蕨、虎尾铁角蕨、毛轴假蹄盖蕨、贯众、黑足鳞毛蕨、槲蕨、瓦韦和石韦等旱生或附生类群。

6.溪流、农田、沼泽湿地生境

此生境的石松类和蕨类植物有分布于溪沟边潮湿石缝和草丛中的华南紫萁、伏地卷柏、溪边凤尾蕨和菜蕨,分布于沼泽地的福建紫萁、湿生蹄盖蕨、东京鳞毛蕨,以及分布于水田或池塘的水蕨、蘋、槐叶蘋和满江红等。

（四）景宁的生态区位及石松类和蕨类植物保护利用

2010年通过的《中国生物多样性保护战略与行动计划(2011—2030)》划定了35个生物多样性保护优先区域。景宁所处的洞宫山脉处于武夷山生物多样性优先区域的中心地带,是中国离东海最近的、森林生态系统保存最完整的山系,因而各种自然保护类型在景宁及其周边密集分布。景宁西南部为百山祖国家公园的一个片区;南部为望东垟自然保护区,并与乌岩岭国家级自然保护区连成一片;东南部是大仰湖自然保护区和被誉为"华东第一大峡谷"的炉西峡,中部为草鱼塘森林公园;整个东北部为千峡湖周边国家级生态公益林;此外还有星罗棋布的各类保护小区、古树群等。景宁全域由此构成了一张完整的森林生态系统保护网。景宁的生态区位重要而脆弱,维护好以森林植被为主的生态系统是交通运输、水利水电、城镇化建设及区域现代化等社会经济可持续发展的根本保障。

景宁的石松类和蕨类植物资源极其丰富,但在资源保护上存在着科普宣传不足、无序采挖等问题,亟须引起重视,采取有效的保护措施。一是通过每年"世界湿地日""国际生物多样性日"等特殊时间节点组织开展自然教育、科普宣传、法治教育等活动,强化生物多样性和野生植物资源的保护。二是继续深入开展景宁石松类和蕨类植物资源调查及成果应用研究,组织开展人工分株繁殖、孢子繁殖、组织培养等繁殖、育种、栽培保育工作,采取就地保护、迁地保护与离体保护相结合的方式,加大科研投入,做好珍稀濒危石松类和蕨类植物的抢救与保护工作。三是做好景宁石松类和蕨类植物资源在药用、食用、园艺观赏等方面的开发利用和研究工作,在科学保护中实现生态、社会和经济价值的转化。

各　论

石松类
Lycophytes

石松科Lycopodiaceae

形态特征　茎二歧分叉。叶小,单脉,多呈螺旋状排列。孢子同形;孢子囊生于叶腋;孢子叶多集生于枝顶,有的聚成孢子囊穗。

生长习性　为古生代植物的优势类群之一,称雄于石炭纪,是成煤的主要植物,至二叠纪突然衰微,在中生代和新生代仅存少数属种,现大部分已灭绝。土生或附生,根状茎生不定根,地上茎分枝,有些具攀援性。

地理分布　遍布世界。

中国有5属69种,浙江有4属11种,景宁有4属9种。本书介绍4属8种。

分属检索表

1.具相等二歧分叉,无明显主茎。

　　2.土生,植株直立,孢子叶与营养叶混生 ·················· 石杉属

　　2.附生,植株下垂,孢子叶位于枝条末端 ·················· 马尾杉属

1.具不等二歧分叉,主茎明显。

　　3.茎藤状;叶鳞片状,长仅0.2~0.3cm,具长尾尖 ·················· 藤石松属

　　3.茎不呈藤状;叶卵圆形、线形、披针形等 ·················· 石松属

长柄石杉

Huperzia javanica（Sw.）C. Y. Yang

土生蕨类。茎直立，等二歧分叉。营养叶平伸，疏生，狭椭圆形，向基部明显变狭，叶缘有粗大或略小而不整齐的尖齿，仅主脉1条。孢子叶稀疏，平伸或稍反卷；孢子囊横生于叶腋，肾形，黄色。

产于大部分乡镇、望东垟自然保护区。生于海拔300~1300m的常绿阔叶林下。国内分布于西南、华南、华中和华东。

该种以前一直都叫蛇足石杉（*H. serrata*）。最新研究表明，蛇足石杉只产于东北等地，本种叶较大，具粗锯齿，基部狭缩成长柄，与之区别明显。

为国家二级重点保护野生植物。

四川石杉

Huperzia sutchueniana（Herter）Ching

多年生土生植物。植株高10~20cm。茎单一或一至二回二歧分叉，直立，老时基部仰卧，上部弯曲、斜生，顶端有芽胞。叶螺旋状排列，近平展，基部的常似长柄石杉，但远较其小。孢子囊肾形，两端超出叶缘；孢子一型。

本种近似于长柄石杉，两者的区别在于：本种叶狭披针形，向基部不明显变狭，疏生小尖齿，先端渐尖。

产于望东垟自然保护区。生于海拔约1200m的常绿阔叶林下阴湿苔藓中。国内分布于浙江、安徽、江西、湖南、湖北、四川、重庆、贵州、广东。

为国家二级重点保护野生植物。

福氏马尾杉

Phlegmariurus fordii（Baker）Ching

中型附生蕨类。茎簇生,成熟枝下垂,一至多回分枝,长约20~30cm。叶螺旋状排列;营养叶抱茎,宽椭圆状披针形,基部下延,全缘,革质;孢子叶披针形或窄椭圆状披针形,基部楔形。孢子囊穗细瘦,顶生。

产于九龙、渤海、郑坑、梅岐、红星、鹤溪、东坑、景南。生于海拔300~600m的山谷林下或石壁上。国内分布于浙江、江西、福建、台湾、广东、香港、广西、海南、贵州、云南。

本种生长于崖壁或山石上,种群数量较少。其孢子叶呈穗状顶生下垂,像一条条小辫子。

为国家二级重点保护野生植物。

柳杉叶马尾杉

Phlegmariurus cryptomerianus（Maxim.）Satou

植株高20~25cm。茎簇生，直立，一至四回二歧分叉。叶螺旋状排列，披针形，先端锐尖，基部无柄，狭缩下延；叶革质，有光泽，中脉背面隆起。孢子叶和营养叶同形。孢子囊两侧凸出叶缘外，肾形。

产于鹤溪、梅岐、东坑、英川。附生于海拔400~800m的天然林山沟崖壁上、小溪巨石中、古树干苔藓中。国内分布于浙江、安徽、江西、福建、台湾。

本种在野外很难见到。

为国家二级重点保护野生植物。

闽浙马尾杉

Phlegmariurus mingjoui X. C. Zhang

植株高 15~30cm。茎直立,一至数回二歧分叉或单一。叶螺旋状排列,斜展;营养叶披针形,先端渐尖,基部无柄,不反折,质地较硬厚;孢子叶较营养叶小,稀疏排列。孢子囊肾形。

产于红星、鹤溪、大均、梅岐、东坑、景南、毛垟、家地、英川。附生于海拔 300~800m 的常绿阔叶林沟边阴湿岩石上。国内分布于浙江、安徽、福建、江西、湖南、重庆、四川、广东、广西、海南。

本种在景宁相对较易发现,在一些生境下还形成较大群落,与苔藓混生在腐殖质较厚的阴湿岩石上。

为国家二级重点保护野生植物。

石 松

Lycopodium japonicum Thunb.

多年生土生植物。主茎伸长，匍匐生长于地面。侧枝二至多回二歧分叉；侧枝直立。叶螺旋状排列，密集。孢子囊穗集生于孢子枝的上部，直立，圆柱形。

产于全县各地。生于海拔400~1400m的针叶林下、灌草丛、林缘及路旁边坡。国内分布于东北、内蒙古、河南及长江以南各省份。

本种常呈蔓生状，匍匐茎满地横走，如绿色绒质地毯，侧枝如电杆直立其中，顶生孢子囊穗呈圆柱形，在高海拔人工针叶林地带较易见到。酸性土壤指示植物。

藤石松

Lycopodiastrum casuarinoides（Spring）Holub ex Dixit

　　木质攀援藤本。主茎生于地下，长而匍匐；地上主枝攀缘于附近树冠上，高达数米。分枝二型，多回二歧分叉；营养枝略呈背腹性；末回小枝纤细下垂、扁平。叶3列，2列较大。孢子枝呈明显背腹性，末回分枝顶端各生直立小柄的孢子囊穗1个。

　　产于县内各地。生于海拔350~700m的林缘及灌木丛中。国内长江以南各地有分布。

　　本种不像石松沿地蔓生，而是呈攀缘或倒挂状，在灌木丛中常攀爬到附近的灌木顶部。酸性土壤指示植物。

垂穗石松

Lycopodium cernuum L.

　　植株高达60cm。主茎直立,多回不等二歧分叉。主茎上的叶螺旋状排列,稀疏,钻形至线形;侧枝及小枝上的叶螺旋状排列,密集,上斜。孢子囊穗成熟时下垂,无柄,单生于小枝顶端,短圆柱形;孢子囊圆肾形,黄色。

　　产于县内各地。生于海拔400~800m的山地林缘或路旁。国内分布于西南、华南、华中和华东地区。

　　本种因孢子囊穗下垂而得名,但其侧枝常可呈树状直立,高达1m左右,有时顶端弯向地面且着地生根,生出伏地小枝,继续长成一独立植株。酸性土壤指示植物。

卷柏科 Selaginellaceae

形态特征　主茎通常匍匐,横走,有背腹性;枝具4排鳞片状小叶。中叶与侧叶形态不同,无柄,单脉。孢子囊生于叶腋;孢子叶集生于枝条末端,形成孢子囊穗。

生长习性　地质历史时期可上溯到中石炭世。土生,大多喜林中潮湿之地,有些能耐干旱,生长于岩壁或周期性干燥的土壤中。常成群出现。

地理分布　主要分布在热带、亚热带地区。

中国有1属74种,浙江有1属16种,景宁有1属14种。本书介绍10种。

布朗卷柏

Selaginella braunii Baker

植株直立,高 10~60cm。有长的不分枝的主茎,上部羽状,呈复叶状;茎近四棱形或偶呈圆柱形,不具纵沟。叶除主茎上的外全部交互排列,二型,质地较厚,皱缩,光滑;不分枝的主茎之叶一型,长椭圆形,贴生;分枝上的叶卵状三角形,略内卷;叶脉不分叉。孢子叶穗紧密,四棱柱形,单生于小枝末端。

全县均产。生于海拔 400~1100m 的林下乱石堆、石灰岩崖壁或路边石缝。国内分布于长江以南。

本种在景宁多生于山沟林缘及田地边石缝中,在山坡乱石堆中也成片状生长。

蔓生卷柏

Selaginella davidii Franch.

　　主茎伏地蔓生。多回分枝,各分枝基部生根。营养叶草质,背、腹各2列;主茎上叶排列紧密,中叶边缘有细齿,先端具芒。孢子囊穗生于小枝顶端。

　　产于大部分乡镇。生于海拔300~1200m的水边草丛中、林下或林缘的阴湿岩石上。国内分布于浙江、河北、天津、北京、重庆、甘肃、广西、贵州、四川、云南等。

　　本种紧贴地面,与苔藓混生,在潮湿的石灰岩石壁上向四周蔓延扩展,形成1个不规则的半开放网状形态。

薄叶卷柏

Selaginella delicatula（Desv. ex Poir.）Alston

植株高 30~50cm，基部有游走茎。主茎禾秆色，多回分枝。营养叶二型，背、腹各 2 列：腹叶指向枝顶，长卵形，明显内弯，渐尖头，全缘；背叶矩圆形，两侧略不等，上缘略有齿，下缘全缘，短尖头，有狭边，向两侧平展。孢子叶穗四棱形，单生于小枝末端；孢子叶一型，具白边。

产于大均东岗、梅岐竹山、郑坑羊角岗。生于海拔 300~800m 的林下沟边潮湿地带。国内分布于长江以南各省份。

深绿卷柏

Selaginella doederleinii Hieron.

土生蕨类植物。茎半直立，基部横卧，高可达45cm，根托达植株中部，二歧状合轴分叉。叶二型，侧叶长圆形，中叶卵形，交互排列；中叶不对称或多少对称，边缘有细齿，覆瓦状排列。孢子叶穗常2个并生于小枝顶端；孢子囊近球形。

全县均产。生于海拔200~1300m的林下潮湿之地。国内分布于长江以南各省份。

本种不像薄叶卷柏那样总是四季常绿，但一定出现在潮湿之地。其不定根像螳螂的长腿，常常把枝叶撑得高高的，即使处于下层，也能争取到足够的阳光，这也是一种进化的生存功能。

兖州卷柏

Selaginella involvens (Sw.) Spring

植株高15~45cm。不分枝主茎有阔卵形的叶螺旋状密覆,完全遮盖主茎。孢子囊穗通常生于中部以上分枝的顶端,四棱形;孢子叶卵形,锐尖,有齿。

产于全县各地。生于海拔300~1000m的山地岩石上。国内分布于长江以南及台湾。

在大均等地较为常见,常在山沟岩石和路旁石壁上形成浓密的半悬状群落。

细叶卷柏

Selaginella labordei Heron. ex Christ

植株高 10~40cm。主茎禾秆色。营养叶二型：腹叶卵圆形，芒刺头，基部圆，多少呈心形，边缘有细刺状齿；背叶矩圆状披针形，钝尖头，边缘有疏细齿。孢子叶二型：腹叶卵状披针形，龙骨状，两侧不等钝尖头，斜上；背叶卵状三角形，锐尖头，较长，指向上方，都有细齿。孢子囊穗扁；大孢子囊生于下部叶腋。

产于景南浮亭岗。生于海拔900~1200m的林下阴湿地。国内分布于西南、华中和华东。

江南卷柏

Selaginella moellendorffii Hieron.

　　直立,高可达55cm。具一横走的地下根状茎和游走茎,其上生鳞片状淡绿色的叶。叶草质或纸质,表面光滑,具白边;不分枝主茎上的叶排列较疏;小枝上的叶卵圆形,覆瓦状排列;侧叶不对称,主茎上的较侧枝上的大,分枝上的侧叶卵状三角形,边缘有细齿。孢子叶穗紧密,四棱柱形,单生于小枝末端;孢子叶一型,卵状三角形,边缘有细齿,具白边,龙骨状;大孢子浅黄色,小孢子橘黄色。

　　产于全县各地。土生或石生,分布海拔200~1300m。国内分布于长江以南各省份,北到陕西南部。

　　本种在田间路旁带土的石缝或石堆中呈块状分布,常与海金沙及禾本科类植物混生。

东方卷柏

Selaginella orientalichinensis Ching & C. F. Zhang ex Hao W. Wang & W. B. Liao

本种近似于卷柏，两者的不同在于：本种主茎为二歧分叉，而后者为羽状分枝。

产于鹤溪严村、东弄，东坑深洋，渤海潘坑。生于海拔250~500m的石缝中。国内分布于华东和华南。

卷 柏

Selaginella tamariscina (P. Beauv.) Spring

多年生草本。主茎直立,常单一,下部着生须根,干后拳卷。各枝丛生,直立,扇状分枝至二至三回羽状分枝,密被覆瓦状叶。叶小,异形,交互排列;侧叶披针状钻形。孢子囊穗生于枝顶,四棱形;孢子囊圆肾形。

产于县内各地。生于海拔300~900m的路边、林缘裸岩石壁上。广布于全国各地。

本种俗称"九死还魂草",在干旱时整个植株向内卷缩成一团,只露出银白色背面,就像一团枯草,但一遇到雨水即再度舒展开来,重现活力。卷柏遇干旱卷缩是为了保护自己的生长芽,银白色背面是为了反射阳光以避免灼伤,是进化的生存策略。

翠云草

Selaginella uncinata（Desv. ex Poir.）Spring

多年生草本。土生。主茎伏地蔓生，自基部羽状分枝，细软，分枝处常生不定根；茎圆柱形，具沟槽，无毛。小叶卵形，孢子叶卵状三角形。叶色呈蓝绿色，其主茎纤细，呈褐黄色；分生的侧枝着生细致如鳞片的小叶；其羽叶细密，并会发出蓝宝石般的光泽。

产于全县各地。生于海拔200~800m的林下及路边阴湿地带。国内分布于长江以南及台湾。

本种呈蔓性生长，在阴暗的环境中会呈现青铜般的色彩，而在阳光下呈粉绿色。由于十分耐阴，繁殖力强，色彩多变，已被广泛应用于园艺栽培。

蕨 类
Ferns

木贼科 Equisetaceae

形态特征 根状茎地下生,长而横走,有节,黑色;地上茎圆柱形,细长,有节,通常中空;节间有纵棱。叶退化成鳞片状,在节上毗连成管状并具齿形的鞘。孢子叶盾形,密排成松球果状的穗,生于枝顶。孢子囊长形,纵裂,5~10个绕柄着生。

地质历史时期的木贼类属、种繁多,并有许多乔木状属、种。其始于泥盆纪,繁荣于晚古生代,为当时主要造煤植物,至新生代退化成形体细小的类群。在低海拔山麓、沙地常呈小片分布。由于其茎有粗糙的棱脊,有人拿它作刷锅的材料,以代替洗涤剂。

生长习性 本科为木贼类植物的最终后裔,现仅存木贼科。生长于溪边沙地、碎石滩地及平地沟边。

地理分布 主要分布于北半球寒带、温带及亚热带。

中国有1属10种,浙江有1属3种,景宁有2种。本书介绍1种和1亚种。

节节草

Equisetum ramosissimum Desf.

中小型植物。根状茎直立，黑棕色；地上茎多年生，高可达60cm，绿色；主枝多在下部分枝，常形成簇生状；主枝有脊8~16条，节间的脊上极粗糙。叶鞘鞘筒狭长，长约为宽的2倍，鞘齿黑色，直立，宿存。孢子囊穗短棒状或椭圆形，顶端有小尖凸，无柄。

产于全县各地。生于海拔200~1300m的溪沟边沙滩上或路旁石堆中。广布于全国各地。

笔管草

Equisetum ramosissimum Desf. subsp. *debile*（Roxb. ex Vauch.）Hauke

　　本种与节节草的主要区别有：本种主茎较粗，直径4~6mm；节间脊棱16~24条；叶鞘较短，长、宽近相等。

瓶尔小草科 Ophioglossaceae

形态特征 根状茎肉质,不被鳞片;地上茎短,直立,肉质。幼叶不拳卷,叶下部有一共同总叶柄,异形;营养叶为单叶、掌状分裂或多裂复叶;孢子叶穗状或复圆锥状。孢子囊群圆球形或卵形,沿囊托边缘2列着生或周围着生,裸出,大型,壁厚,不具环带。

生长习性 起源可追溯至古生代,现存的基本是孑遗种类。土生,少数附于树干或生于湿地。

地理分布 世界各地均有分布,但不多见。景宁县中部、南部有发现,数量极少,生境有局限性。

中国有3属22种,浙江有2属6种,景宁有2属6种。本书介绍2属5种。

分属检索表

1.单叶全缘,叶脉网状;孢子囊序单穗状,孢子囊陷入囊托两侧······················ 瓶尔小草属
1.叶羽状分裂至复叶,叶脉分离;孢子囊序为圆锥状,孢子囊凸出囊托外············ 阴地蕨属

薄叶阴地蕨

Botrychium daucifolium Wall. ex Hook. & Grev.

植株高 40~70cm。根状茎短粗，直立。有粗的肉质根。总叶柄长 10~20cm；叶多汁、草质。营养叶二至三回羽状，叶柄长 7~10cm，叶五角形；孢子叶自总叶柄近中部生出，明显高于营养叶。孢子囊穗圆锥状，开展，有长毛；孢子囊圆球形，黄色。

产于红星和草鱼塘分场等地。生于海拔 500~900m 的林下。国内分布于浙江、江西、湖南、广东、广西、四川、贵州、云南。

全草可入药，味甘、辛，性温，有补虚润肺、止咳化痰、清热解毒、消肿止痛、平肝散结的功效。

华东阴地蕨

Botrychium japonicum（Prantl）Underw.

植株高 20~30cm。根状茎短而直立,有 1 簇肉质粗根。总叶柄长 2~6cm。营养叶叶柄长 5~15cm;叶略呈五角形,三回羽状;羽片 4~6 对,对生或近对生,边缘有整齐的前伸尖锯齿;叶脉明显,直达锯齿;叶草质,表面平滑。孢子叶叶柄长 20~25cm,自总叶柄近基部生出。孢子囊穗圆锥状,无毛。

产于红星、大均、草鱼塘分场。生于海拔 500~1200m 的林下或灌草丛中。国内分布于浙江、江苏、江西、福建、台湾、广东、广西。

该种全草可入药,有清热解毒、镇静、平肝散结、消肿止痛、润肺祛痰的功效。在民间被视为稀少的草药,因而被过度采挖,野外很难见到,已成濒危物种。

蕨 萁

Botrychium viginianum（L.）Sw.

植株高 40~50cm。根状茎短而直立,生有 1 簇不分枝的肉质粗根。总叶柄长 20~25cm。营养叶阔三角形,边缘有粗而尖的锯齿;叶脉羽状,每一齿有小脉 1 条,伸达叶边;叶薄草质,各回羽轴有翅,叶轴及各回羽轴疏生长毛。孢子叶出自营养叶基部,叶柄长 20cm,高于营养叶。孢子囊穗松散,复圆锥状。

产于草鱼塘分场。生于海拔约 1100m 的沟边日本扁柏林下。国内分布于浙江、安徽、重庆、甘肃、贵州、河南、湖北、湖南、陕西、山西、四川、西藏、云南。

本种是温带种类,在浙南山地分布极少,在景宁仅在草鱼塘分场发现 3 株。

心叶瓶尔小草

Ophioglossum reticulatum L.

　　多年生草本。植株高8~15cm。根状茎短细、直立,有少数粗长的肉质根。总叶柄长4~8cm,淡绿色,近基部为灰白色;营养叶卵形或卵圆形,先端圆或近钝头,基部深心形,有短柄,边缘多少呈波状,网状脉明显;孢子叶自营养叶叶柄的基部生出,细长。孢子囊穗长3~3.5cm,纤细。

　　产于草鱼塘森林公园。生于海拔约1100m的人工扁柏林下。国内分布于华中、西南及浙江、福建、台湾、陕西、甘肃。

瓶尔小草

Ophioglossum vulgatum L.

植株高 10~26cm。根状茎短而直立,肉质根纤细。叶单一,总叶柄长 5~20cm,深埋土中;营养叶从总叶柄基部以上 6~9cm 处生出,无柄,狭卵形;叶脉网状。孢子囊穗自总叶柄顶端生出,有 6~17cm 长的柄,远超出营养叶;孢子囊 20 对以上。

产于红星、鹤溪、大均。生于低海拔的路边平地草丛中。国内分布于长江下游各省、陕西南部、湖北、四川、广西、贵州、云南、台湾和西藏。

松叶蕨科 Psilotaceae

形态特征 附生或土生小型蕨类。根状茎粗而横走,具假根;地上茎直立或下垂,二歧分叉,枝有棱或为扁压状。叶二型,营养叶鳞片状,孢子叶二叉状。孢子囊单生于叶腋,球形,2~3个融合为聚囊。

生长习性 为古代孑遗种。着生于岩石缝隙中或附生于树干上。

地理分布 分布于热带及亚热带。中国产于西南、华南及华东,北达陕西南部。中国仅1种。

松叶蕨

Psilotum nudum (L.) P. Beauv.

　　小型蕨类,高15~40cm。根状茎横行,圆柱形,褐色,仅具假根,二歧分叉;地上茎直立,无毛或鳞片,绿色,下部不分枝,上部多回二歧分叉;枝三棱形,绿色,密生白色气孔。叶为小型叶,散生,二型;营养叶鳞片状三角形,无脉;孢子叶二叉形。孢子囊单生在孢子叶叶腋或叶尖,球形,2瓣纵裂,常3个融合为三角形的聚囊,黄褐色。

　　产于东坑、大均、梅岐、大仰湖自然保护区。附生于海拔200~700m的树干上或岩石缝中。国内分布于浙江、江苏、安徽、福建、台湾、广东、广西、四川、贵州、云南、陕西、海南、香港、澳门。

　　松叶蕨是一种非常奇特的蕨类。一个奇特之处是整个植株看起来就像一撮松叶,光秃秃的,看不到叶,其实是叶退化呈鳞毛状,肉眼几乎看不到。另一个奇特之处是松叶蕨没有真正的根,靠基部的真菌吸收水分和少量营养。这是自然界生物在漫长的演化进程中形成的共生关系。景宁的松叶蕨大多生长在崖壁石缝中,有时也出现在沙地里,由于植株细小,常被忽视。

合囊蕨科 Marattiaceae

形态特征　根状茎球形,肉质。叶二至三回羽状,叶脉分离。孢子囊群为线状椭圆形聚合囊群,沿叶脉着生,两侧各由3~12个孢子囊合生成1行。

生长习性　土生。

地理分布　分布于热带、亚热带地区。

中国有3属30种,浙江有1属1种,景宁有1属1种。

福建观音座莲

Angiopteris fokiensis Hieron.

植株高 1.5~3m。根状茎块状,露出地面。叶簇生;叶柄长 50~100cm 或更长,腹面有浅纵沟,沟两侧有大小不等的瘤状凸起;叶阔卵形,长与宽均在 80cm 以上,二回羽状;羽片 5~7对,互生,狭长圆形,基部不狭缩或略狭缩;小羽片 35~40 对,对生或互生,平展,先端渐尖,基部近截形或圆形,边缘有浅三角形锯齿,下部小羽片渐短缩,有短柄,顶生小羽片与侧生的同形,有柄;叶脉单一或二叉;叶草质,两面光滑。孢子囊群长圆形,在侧脉前端靠近小羽片边缘排成 1 行,通常由 8~10 个孢子囊组成。

产于红星、鹤溪、鹤溪分场、标溪上圩。生于海拔 250~600m 的原生阔叶林、人工杉木林下。国内分布于浙江、江西、福建、湖北、湖南、广东、海南、广西、四川、贵州、云南。

合囊蕨科是热带雨林的标志性蕨类,外形高大,其最大的特征是它的托叶一层层密生在根状茎的叶柄基部,如观音菩萨的莲花座,这正是本科大多成员名字中含有"观音座莲"的由来。福建观音座莲在景宁只有 4 个分布点:3 个处于常绿阔叶林环境中,数量稀少;另 1 个在海拔近 600m 的人工杉木林内,已形成 1 个不小的群落,个体数量十分可观(据初步调查有120 余株),而且还有进一步扩展的趋势,是目前浙江省内最大的野生群落。

为国家二级重点保护野生植物。

紫萁科 Osmundaceae

形态特征 茎粗短直立。叶簇生,一至二回羽状复叶;叶柄基部呈翼状;羽片以关节着生于羽轴;叶脉分离,侧脉二叉。孢子囊大,圆球形,裸露,着生于强烈收缩变质的营养叶的羽片边缘。

生长习性 土生,少数种类生于湿地环境。紫萁科是薄囊蕨类中最原始的类群。

地理分布 广泛分布于世界各地,温带地区尤多。

中国有2属8种,浙江有2属4种,景宁有2属4种。本书介绍2属4种。

分属检索表

1.叶一至二回羽状,羽片全缘和具齿 ······················· 紫萁属

1.叶二回羽状深裂 ······························· 桂皮紫萁属

粗齿紫萁

Osmunda banksiifolia（C. Presl）Kuhn

　　植株高达1.5m。叶簇生于顶端,形如苏铁。叶为一型,但羽片为二型,一回羽状;羽片15~30对,以关节着生于叶轴上,边缘有粗大的三角形尖锯齿;叶脉粗壮,三至四回分枝,小脉平行,至加厚的叶边;叶坚革质或厚纸质,两面光滑,下部数对(3~5)羽片为能育,生孢子囊,强烈紧缩,中肋两侧的裂片为长圆形,背面满生孢子囊群。

　　产于红星、梅岐、大均。生于溪沟边。国内分布于浙江、福建、江西、台湾、广东。

紫 萁

Osmunda japonica Thunb.

植株高 50~100cm。根状茎粗壮、斜生。叶二型,幼时密被茸毛;营养叶三角状阔卵形,顶部以下二回羽状,小羽片矩圆形或矩圆披针形,先端钝或短尖,基部圆形或圆楔形,边缘有匀密的矮钝锯齿;孢子叶强烈收缩,小羽片条形,沿主脉两侧密生孢子囊,成熟后枯死。本种有时在同一叶上有能育羽片和不育羽片。

全县均产。生于海拔 200~1300m 的林下或溪边的酸性土壤中。国内分布于陕西、甘肃、四川、贵州、台湾、长江中下游和华南地区。

为中国暖温带及亚热带最常见的一种蕨类,向北分布至秦岭南坡;嫩叶可食。本种是景宁最常见的 1 个种,秋冬之际全数凋萎,翌年春季再发,常在农田周边成片分布,由于其生长季与农作物同期,因此常当作绿肥使用。

华南紫萁

Osmunda vachellii Hook.

根状茎圆柱形,高出地面,顶部有叶簇生。叶一型,但羽片二型;叶矩圆形,厚纸质,光滑,一回羽状;中部以上的羽片不育;侧脉一至二回分叉;下部羽片通常能育,狭缩成条形,深羽裂,有宽缺刻,裂片两面沿叶脉密生孢子囊,形成圆形小穗,排列在羽轴两侧。

产于红星、大均。生于海拔200~300m的溪沟边。国内分布于浙江、福建、广东、广西、湖南、四川、云南、贵州南部。

华南紫萁是热带性物种,在景宁只分布于低海拔溪边,常与中华蚊母、水杨梅等混生。

桂皮紫萁

Osmundastrum cinnamomeum（L.）C. Presl

　　根状茎直立，大的呈小树干状。叶二型，幼时密生红棕色茸毛；营养叶矩圆形或狭矩圆形，二回羽状深裂，裂片圆头，全缘；孢子叶二回羽状退化成线形。孢子囊生于二回羽轴的两侧。

　　产于大仰湖自然保护区与大漈分场、毛垟上坑头。生于海拔 800~1400m 的沼泽地或潮湿山谷。国内分布于东北和浙江、四川西部、云南西北部。

　　桂皮紫萁属于暖温带的种类，在景宁处于 800m 以上山地沼泽环境，也出现于阴湿的富含腐殖土的林下缓坡地带。

膜蕨科 Hymenophyllaceae

形态特征 叶细小,形状多样,很薄,仅具1层细胞,呈半透明。孢子囊群生于叶缘脉端,由管状或二瓣状囊群盖所保护。

生长习性 生长于潮湿阴闭的环境。附生,少数为土生。

地理分布 以潮湿的热带地区为分布中心。

中国有7属51种,浙江有3属12种,景宁有3属10种。本书介绍3属10种。

分属检索表

1.囊群盖二瓣状,且裂至基部 ·· 膜蕨属

1.囊群盖管状,至多仅先端二瓣裂。

    2.叶丛生 ··· 假脉蕨属

    2.叶远生;具长而横走的茎 ····································· 瓶蕨属

长柄假脉蕨

Crepidomanes latealatum（Bosch）Copel.

植株高 3~6cm。根状茎纤细，丝状，横走。叶远生；叶柄短或几无柄，有翅；叶长卵形至阔披针形，二回羽裂；羽片 3~6 对，互生；叶脉叉状分枝，在叶边与叶脉间有数条断续的、与叶脉近平行的假脉。孢子囊群生在叶上部，顶生于向轴的裂片上，1 枚羽片上有 2~5 个；囊苞椭圆形，两侧有狭翅，口部浅裂为两唇瓣；唇瓣三角形，其基部扩大而宽于囊苞的管；囊群托凸出。

产于大均、大仰湖自然保护区。生于海拔 400~800m 的常绿阔叶林中山沟边湿石上。国内分布于浙江、广东、广西、四川、贵州、云南等地。

团扇蕨

Crepidomanes minutus（Blume）K. Iwats.

　　植株高 1~2cm。根状茎纤细，丝状，交织成毡状，密生褐色短毛。叶远生，薄膜质，半透明，两面无毛；叶柄纤细；叶团扇形至圆肾形，基部心形，宽不及 1cm，扇状分裂达 1/2，裂片通常再浅裂，小裂片钝头，全缘；叶脉多回分叉，每一小裂片有小脉 1~2 条。孢子囊群生于短裂片顶部；囊苞倒钟形，两侧有狭翅，口部膨大而向外翻；成熟时囊托凸出口外。

　　产于红星、大均、梧桐、沙湾、英川。生于海拔 200~500m 的林下阴湿处的石头上。国内广布于东北和浙江、安徽、江西、湖南、福建、台湾、广东、四川、贵州、云南。

　　团扇蕨很小，不仔细观察会被误认为是苔藓植物。叶生在横走的细茎上；叶薄，呈扇形。孢子囊群着生于裂片顶端，有管状的囊群盖保护。

蕗蕨

Hymenophyllum badium Hook. & Grev.

　　植株高 15~25cm。根状茎细长，横走，几无毛。叶疏生；叶薄膜质，无毛，披针形至卵状矩圆形，三回羽裂，圆钝头，全缘；各回羽轴、叶轴均有阔翅并向下达叶柄基部，翅平直或略呈波状；通体无毛。孢子囊群生于近轴的短裂片顶端；囊苞大，两瓣形，深裂达基部，瓣片圆形或扁圆形，全缘或顶部有微齿，其下的裂片稍狭缩。

　　产于大部分乡镇。生于海拔 300~1300m 的溪边阴湿处岩石上或潮湿树干上。国内分布于浙江、湖北、江西、福建、台湾、广东、广西、贵州、云南。

　　本种蕨类常与苔藓类植物混生，附生在高度潮湿的山沟石壁上，呈小群落出现。

毛蕗蕨

Hymenopyhllum exsertum Wall. ex Hook.

植株高3~6cm。根状茎纤细如丝,横走,浅褐色。叶远生;叶柄长0.5~1cm,褐色,丝状,无翅;叶长圆形,二回羽裂;羽片7~10对,上部的互生,下部的近对生,无柄,开展。孢子囊群位于叶上部,着生于羽片上侧裂片腋间或短裂片顶端,每一羽片有1~3个;囊苞卵形,唇瓣边缘有不整齐的浅齿;囊群托纤细,不凸出。

产于景南乡东塘村蚊虫岭。生于海拔860m的常绿阔叶林中的山谷阴湿石壁上。国内分布于浙江、江西、四川、云南、西藏、福建、台湾、海南。

长柄蕗蕨

Hymenophyllum polyanthos（Sw.）Sw.

　　附生植物。植株高 15~18cm。根状茎褐色，纤细如丝，长而横走，下面疏生纤维状根。叶远生；叶柄、叶轴、叶脉下面无毛；叶柄深褐色，不具翅或具狭翅，连柄宽不超过 1mm，狭翅易脱落；叶薄膜质，半透明，二至四回羽裂；羽片 10~15 对，互生，有短柄，三角状卵形至长圆形；小羽片 4~6 对，互生，无柄，末回裂片 2~6 枚，互生，条形至长圆状条形，先端钝头或有浅缺刻，全缘，单一或分叉；叶脉叉状分枝，末回裂片有小脉 1 条；叶轴及羽轴褐色，均有翅。孢子囊群多数，各裂片均能育，位于叶上部 1/3~1/2 处；囊苞为等边三角状卵形。

　　产于大均、东坑、景南、沙湾、英川、毛垟。生于海拔 400~600m 的常绿阔叶林下湿润岩石上。国内分布于浙江、安徽、江西、福建、湖南、台湾、广东、广西、四川、贵州、甘肃。

华东膜蕨

Hymenophyllum barbatum（Bosch）Baker

植株高 2~5cm。叶柄通常全部有狭翅,向上达各回羽轴的都有淡褐色柔毛,其余无毛。叶卵形,二回羽裂;裂片条形,边缘有小尖齿。孢子囊群生于叶顶部的短裂片上;囊苞两瓣形,深裂几达基部,瓣片长卵形,圆头,并有小尖齿,其基部裂片稍狭缩;囊托不伸出囊苞之外。

产于大部分乡镇。生于海拔 400~1000m 的林下溪边阴湿处石上。国内广布于长江以南各省份,向北达陕西。

瓶 蕨

Vandenboschia auriculata（Blume）Copel.

根状茎长而横走,生黑褐色有节的毛。叶疏生,厚膜质,无毛,几无柄;叶披针形,二回羽裂;羽片卵状矩圆形,无柄,密接,基部上侧呈阔耳片状,常覆盖叶轴,边缘为不整齐的羽裂,达 1/2。孢子囊群生于叶中部的短裂片上;囊苞管状圆锥形,口部几不膨大,平截或有浅钝齿;囊托凸出口外约 4mm。

产于红星、鹤溪、大均、梅岐、东坑和景南。附生于海拔 400~700m 的林中树干或岩壁上。国内分布于浙江、台湾、江西、广东、广西和西南。

瓶蕨的根状茎粗壮、坚硬,横走,无根或生纤维状根;叶有间隔地着生于根状茎上,叶为 2 列生的羽状复叶,整个植株看起来就是蔓生性植物。

南海瓶蕨

Vandenboschia striata（D. Don）Ebihara

　　植株高 15~40cm。叶远生；叶柄长 2~10cm，两侧有翅几达基部；叶长卵形至长圆披针形，三回羽裂；叶脉叉状分枝；叶轴暗褐色，两侧全部有狭翅或狭边，几光滑无毛。孢子囊群生在二回小羽片腋间；囊苞管状，长约 1.5mm，口部截形而不膨大，两侧有极狭的翅。

　　产于大均、梅岐。生于海拔 350~450m 的流水沟边岩石下或阔叶林湿石上。国内分布于浙江、福建、江西、广东、广西、贵州、海南、河南、四川、台湾、云南。

管苞瓶蕨

Vandenboschia kalamocarpa（Hayata）Ebihara

植株高 9~13cm。根状茎长，横走，粗 1mm，深灰褐色。叶远生；叶柄长 3~5cm，淡褐色，光滑无毛，两侧有翅几达基部；叶阔披针形，三回羽裂。孢子囊群生于叶中部以上，顶生于向轴的短裂片上；囊苞管状，长约 1.5mm，口部截形而不膨大，两侧有狭翅；囊群托凸出，长约 3mm，纤细，褐色，通直。

产于红星林村。生于海拔 600m 的常绿阔叶林潮湿峭壁岩缝上。国内分布于浙江、海南岛（五指山）及云南（蒙自）。

墨兰瓶蕨

Vandenboschia cystoseiroides（Christ）Ching

植株高 20~50cm。根状茎长，横走，坚硬。叶远生；叶柄长 7~15cm，叶柄的腋间有 1 个密被黑色节状毛的芽；三回羽裂；叶脉叉状分枝，暗绿褐色，末回裂片有小脉 1 条，不达裂片先端；叶轴及羽轴暗绿褐色，叶轴两侧有狭翅，上面有浅沟，无毛。孢子囊群生在小羽片腋间，每一羽片上有 4~6 对；囊苞狭漏斗状，长约 1.5mm，两侧有狭翅，口部膨大，浅裂为两唇瓣；囊群托凸出，弯曲，黄褐色，长约 2mm。

产于红星王金垟。生于海拔 500m 的常绿阔叶林沟边悬崖底部碎石堆中。国内分布于浙江、云南东南部。

里白科 Gleicheniaceae

形态特征　根状茎长而横走。叶远生;叶一回羽状,顶生羽片为一至二回羽状,末回裂片线形;叶轴顶端有休眠芽;叶脉分离,小脉分叉。孢子囊群小而圆,生于叶下面的小脉背上;无囊群盖。

生长习性　在石炭纪出现,白垩纪广布,因气候变化向赤道附近退缩,现高纬度地区已不见。

地理分布　分布于热带至亚热带地区。

中国有3属16种,浙江有2属4种,景宁有2属4种。本书介绍2属4种。

分属检索表

1.叶轴不分枝,具1至数对侧生的二回羽状深裂羽片　…………………… 里白属

1.叶轴一至多回二歧分叉,末回分枝顶部两侧具1枚一回羽状深裂羽片　… 芒萁属

芒萁

Dicranopteris pedata （Houtt.） Nakaike

植株直立或蔓生。根状茎细长而横走。叶疏生，纸质，下面多少呈灰白色或灰蓝色；幼时沿羽轴及叶脉有锈黄色毛，老时逐渐脱落；叶轴一至二回或多回分叉，各回分叉的腋间有1个休眠芽，密被茸毛，并有1对叶状苞片；裂片条状披针形，侧脉每组有小脉3~4(5)条。孢子囊群着生于每组侧脉的上侧小脉的中部，在主脉两侧各排1行。

全县均产。生于海拔200~1000m的强酸性的红壤荒坡中或马尾松林下。国内广布于长江以南各省份。

芒萁的重要特征是除主轴顶端有休眠芽外，其侧枝顶端也有休眠芽，叶是不断重复的假二歧分叉。芒萁是较耐干旱贫瘠环境的强酸性土壤指示植物，在低山荒野空地、新开垦地和火烧迹地常形成漫山遍野的单优种群，因此，芒萁不仅是重要的先锋植物，更是改良土壤和水土保持的重要植被。

中华里白

Diplopterygium chinense（Rosenst.）De Vol

　　植株高达2m以上。根状茎横走,密被棕色鳞片。叶大型,二回羽状;叶柄深棕色,密被红棕色鳞片,后几变光滑;小羽片互生,羽状深裂;裂片稍向上斜,互生,50~60对,顶圆,常微凹,基部汇合,缺刻尖狭,边缘全缘,干后常内卷,中脉上面平,下面凸起,侧脉两面凸起;叶上面绿色,沿小羽轴被分叉的毛,下面灰绿色,沿中脉、侧脉及边缘密被星状柔毛,毛后脱落;叶轴褐棕色,初密被红棕色鳞片,边缘有长睫毛。孢子囊群圆形,1列,位于中脉和叶缘之间,着生于基部上侧小脉上。

　　产于沙湾、雁溪、景南、鹤溪、九龙。生于海拔300~400m的山麓林中。国内分布于浙江、福建、广东、广西、贵州、四川。

　　本种与里白的区别是:本种叶轴密被鳞片;羽轴、小羽轴和裂片下面密被鳞片和星状毛。

光里白

Diplopterygium laevissimum（Christ）Nakai

　　大型蕨类。根状茎横走，连同叶柄基部有密鳞片，上部光滑无毛。叶厚纸质，下面灰绿色。由休眠的顶芽两侧发出1对二回羽状深裂的羽片，或第二年顶芽发育成主轴，主轴上再生出顶芽，如此连续形成多对侧生羽片。顶芽有密鳞片，并包有1对羽裂的叶状苞片。羽片卵状矩圆形，全缘，干后向下面反卷，侧脉分叉。孢子囊群生于分叉侧脉的上侧一小脉，在主脉两侧各排成1行。

　　产于大部分乡镇及望东垟自然保护区、大仰湖自然保护区。生于海拔700~1100m的山谷阴湿处。国内广布于长江以南各省份。

　　光里白分布范围比里白狭窄很多，只生长在海拔700m以上阴湿的常绿阔叶林中的陡坡地带。

里 白

Diplopterygium glaucum（Thunb. ex Houtt.）Nakai

　　大型蕨类。根状茎横走，有鳞片。叶疏生；叶上面绿色，无毛，下面灰白色，沿小羽轴及主脉有疏的锈色短星状毛，后变无毛。由休眠的顶芽两侧发出1对二回羽状深裂的张开的大羽片，或顶芽发育成主轴，主轴上再生出顶芽，如此连续形成多对侧生羽片；顶芽有密鳞片，并有1对羽裂的叶状苞片。侧脉分叉。孢子囊群生于分叉侧脉的上侧一小脉，在主脉两侧各排成1行。

　　全县均产。生于海拔400~1400m的针阔混交林和毛竹林下。国内广布于长江以南各省份。

　　里白在景宁俗称"大骨狼衣"，也是酸性土壤指示植物。其分布不像芒萁那样广，局限于较阴和土层深厚的地带，因此，在毛竹林和针阔混交林环境中最适合生长。

海金沙科 Lygodiaceae

形态特征	攀援。叶轴可无限生长,羽轴顶端具休眠芽。孢子囊橄榄球形。
生长习性	土生型,有些种类叶为攀援性,蔓生。
地理分布	分布于热带至暖温带。

中国有1属9种,浙江有1属1种,景宁有1种。

海金沙

Lygodium japonicum（Thunb.）Sw.

植株攀援，长可达5m以上。叶多数，对生于茎上的短枝两侧；叶二型，纸质；营养叶尖三角形二回羽状，小羽片掌状或三裂，边缘有不整齐的浅钝齿；孢子叶卵状三角形，小羽片边缘生流苏状、排列稀疏的暗褐色孢子囊穗。

全县均产。生于海拔200~1200m的路边或山坡灌丛中。国内广布于暖温带及亚热带，北至陕西及河南南部，西达四川、云南和贵州。

海金沙叶呈蔓藤状，常攀附在附近的物体和树上，长可达十几米。其羽轴顶生的休眠芽会不断复苏生长，与分枝相互缠绕，常常交织成一片绿网。

蘋科 Marsileaceae

<u>形态特征</u> 根状茎匍匐状,二歧分叉。叶丝状,或叶柄顶端具2~4片小叶,呈深裂的"田"字形。孢子囊群着生于叶柄基部与根状茎交接处附近,表皮厚而硬。

<u>生长习性</u> 湿生或水生,叶常漂浮于水面。

<u>地理分布</u> 主要分布于澳大利亚、太平洋岛屿、非洲南部及南美洲等低海拔水田及其周边。

中国有1属3种,浙江有1属2种,景宁有1种。

蘋

Marsilea quadrifolia L.

　　一年生浮叶植物。植株高度与水深相关，浅水区呈挺水状。根状茎细长，横走，柔软，有分枝。叶柄基部被鳞片；叶由4片小叶组成，呈"田"字形生于叶柄顶端；叶脉自基部呈放射状分叉，伸向叶缘。孢子果卵圆形或椭圆状肾形，幼时有密毛，通常2~3枚簇生于梗上，梗着生于叶柄基部或近叶柄基部的根状茎上；大孢子囊和小孢子囊同生在1个孢子果内，大孢子囊有1个大孢子，小孢子囊有多数小孢子。

　　全县均产。生于海拔300~1000m的河流、湖泊、池塘、水田或季节性干旱的浅水沟渠。国内广泛分布于各地。

　　蘋也称"田字草"，因叶像"田"字而得名。它是着土型的水生植物，根和茎在土里，旱季时茎叶裸露在空气中，淹水时叶浮出水面。其孢子囊果只出现在枯水期，淹水时孢子散发出来，并借水流传播。它的叶柄会因水位上升而伸长。它是适应农田环境的一种植物。

槐叶蘋科 Salviniaceae

形态特征　无根。茎细长,每节具3片叶,2片浮水,1片沉水,呈须根状。孢子囊果生于沉水叶基部。

生长习性　漂浮水生植物,喜欢生长于富含有机质的水域。

地理分布　热带、亚热带地区水域。

中国有2属5种,浙江有2属2种,景宁有2属2种。本书介绍2属2种。

分属检表

1. 无根;三叶轮生,两叶漂浮,另一叶细裂成根状且下垂 ······················ 槐叶蘋属

1. 有根;叶二裂,互生,上裂片浮水,下裂片沉水 ······················ 满江红属

满江红

Azolla pinnata R. Br. subsp. *asiatica* R. M. K. Saunder & K. Fowler

多年生浮水植物。根状茎主茎不明显，横走，似二歧分叉。枝出自叶腋，数目与茎生叶几相等，向下生须根，沉入水中。叶无柄，互生，覆瓦状排列，长约1mm，先端圆形或圆截形，基部圆楔形，全缘，通常分裂成上、下2片；上（背）裂片肉质，春夏时绿色，秋后呈红色、红紫色，有膜质边缘，浮在水面进行光合作用，表面有乳头状凸起，表皮下有空腔，腔内含胶质，有蓝藻共生，能固氮；下（腹）裂片膜质，有时呈紫红色，状如鳞片，没入水中吸收水分与无机盐。孢子果成对着生于分枝基部的下裂片上；大孢子果小，长卵形，内含1个大孢子囊，囊外有9个浮膘，囊内有1个大孢子；小孢子果大，球形，内含多数小孢子囊，囊内有着生丝状毛的泡胶块6个，共有小孢子64个。

全县均产。生于海拔300~1200m的水田、池塘、沟渠、水流缓慢的河流等淡水水域。广泛分布于全国各地。

在较少使用农药的农田和水池中很容易发现满江红的身影。满江红叶很小，植株呈椭圆状三角形，是浮水植物，因为叶中含有色素，秋冬时节会变红，蔓生布满整个水面，人们就给其取了个富含诗意的名字——满江红。满江红还是固氮增肥的绿肥植物，叶上裂片空腔内有蓝藻共生，可以把空气中的游离氮固定下来，有助土壤增肥。

槐叶蘋

Salvinia natans（L.）Allioni

　　多年生浮水植物。茎细长，横生，被褐色节状柔毛。叶3枚轮生。2枚叶漂浮于水面，椭圆形至长圆形，先端圆钝，基部圆形或略呈心形，全缘；近无柄或有短柄；中脉两侧各有15~20条侧脉，每条侧脉上面有5~7束粗短毛；叶草质，上面绿色，布满带有束状短毛的凸起，下面灰褐色，被有节的粗短毛。另1枚叶悬垂于水中，细裂成须根状的假根，密生有节的粗毛。孢子果4~8个，簇生于假根的基部，外被疏散的成束短毛；大孢子果小，内有少数具短柄的大孢子囊，每一囊含1个大孢子；小孢子果略大，内有多数具长柄的小孢子囊，每一囊含64个小孢子。

　　全县均产。生于池塘、水田。国内分布于长江以南及华北、东北。

　　槐叶蘋属于浮水植物，水面上可看到两两对生的叶，其实在每对浮叶下面还有一撮根状组织，其基部还着生圆圆的孢子果。蕨类的孢子囊一定是长在叶腋或叶背，不会长在根上，因此它沉于水下的根状组织也是变态的叶，它没有真正的根。槐叶蘋只生长于清洁的环境，过去在低海拔水域四处可见，但如今随着山地开发利用和农药化肥的应用，水域遭不同程度的污染，致使槐叶蘋已成为稀有植物。

瘤足蕨科 Plagiogyriaceae

形态特征　植株光滑无毛,无鳞片。茎短而直立,少数种类具横走茎。叶柄基部常呈两翼状,并具瘤状之通气组织;一回羽状深裂或复叶;叶两型;叶脉分离。孢子叶直立于植株中央,具较长的柄,羽片强烈收缩成线形。

生长习性　常生长于腐殖质深厚的林下。

地理分布　分布于热带、亚热带较高海拔的森林中。

中国有1属8种,浙江有1属5种,景宁有1属4种。本书介绍1属4种。

瘤足蕨

Plagiogyria adnata（Blume）Bedd.

　　根状茎粗短。叶簇生，二型。营养叶叶柄长 15~25cm，近四棱形；叶长圆状披针形，先端渐尖并深羽裂；羽片 13~20 对，近无柄，披针形，下部的较大，先端短渐尖，基部下侧圆形，与叶轴分离，中部以上数对多少与叶轴合生，上侧上延，至顶部数对则基部相连，边缘有锯齿。侧脉二叉；孢子叶叶柄长 40~50cm，叶长约 25cm；羽片条形。孢子囊群着生于小脉顶端，成熟时满布羽片下面。

　　全县均产。生于海拔 400~600m 的林下。国内分布于长江以南各省份。

　　瘤足蕨是比较古老的蕨类，生态特性上是严格地生长于热带和亚热带地区高山森林环境的植物。叶柄基部显著膨大呈瘤状凸起，是气孔集中的地方。两型叶丛生；营养叶在外面向四周弯曲；孢子叶在中心，高出营养叶呈直立状生长，像喷泉状。在景宁一般在海拔 1000m 以上中山地带开始出现，喜欢凉爽潮湿的山区云雾地带，所以也成为雾林带的指示植物。

华中瘤足蕨

Plagiogyria euphlebia（Kunze）Mett.

　　根状茎斜生。叶二型。营养叶较短,基部两侧有1~2对瘤状气囊体;叶矩圆形,单数羽状;顶生羽片和侧生羽片同形。孢子叶同形,高出营养叶;叶柄长达50cm;侧脉分叉,伸达距叶边1/2处;孢子囊生于小脉顶部,成熟时布满羽片下面。

　　全县均产。生于海拔800m的以下密林中。国内广布于长江以南各省份。

　　华中瘤足蕨是在较低海拔也出现的1个种类。它的形体较大,喜欢生长于富含腐殖质且空气湿度高的森林环境,在红星严村、王金垟一带发育良好,常与常绿阔叶林组成1个植被类群。

镰羽瘤足蕨

Plagiogyria falcata Copel.

　　二型叶簇生。营养叶叶柄草质,连同叶轴横切面为锐三角形,腹面两侧边有淡棕色狭翅;叶长圆状披针形,先端渐尖,基部渐狭缩,与上部羽片同形,羽状深裂几达叶轴;裂片30~50对。孢子叶较高;羽片紧缩成条形;无柄;孢子囊群生于小脉顶端,成熟时满布羽片下面。

　　产于大部分乡镇。生于海拔600~1400m的常绿阔叶林下。国内分布于华南及浙江、安徽、江西、福建、湖南、贵州。

　　镰羽瘤足蕨营养叶叶柄横切面呈锐三角形,植株草质,中、高海拔地带常绿阔叶林下呈群落分布。

华东瘤足蕨

Plagiogyria japonica Nakai

　　根状茎短粗,直立。叶簇生。营养叶叶柄长12~20cm,横切面为近四方形,暗褐色;叶长圆形,尖头,羽状;羽片13~16对,互生,近开展,披针形,或通常为近镰刀形,基部的不短缩或略短,无柄,短渐尖头,基部近圆楔形,下侧楔形,分离,上侧略与叶轴合生,略上延,基部几对羽片的基部为短楔形,几分离,向顶部的略短缩,合生,但顶生羽片特长,与其下的较短羽片合生;叶边有疏钝的锯齿,向顶端锯齿较粗;中脉隆起,两侧小脉明显,二歧分叉,极少为单脉,直达锯齿;叶为纸质,两面光滑,干后黄绿色,叶轴下面扁圆,上面两侧各有一条狭边。孢子叶高与营养叶相等或过之;叶柄较长;叶长16~30cm;羽片紧缩成线形,有短柄,顶端急尖。

　　全县均产。生于海拔500~1000m的山地林下。国内分布于华东、西南、华中部分省份和台湾。

　　本种近似华中瘤足蕨,两者的区别在于:本种顶生羽片基部常与上部侧生羽片边合生。

金毛狗科 Cibotiaceae

形态特征　树状蕨类，常有粗而直立的主干，与叶柄基部均密布金黄色的毛。叶大型，三回羽状深裂，叶脉分离。孢子囊群着生于叶脉顶端；囊群盖为内、外两瓣，形如蚌壳，其科名也称蚌壳蕨科。

生长习性　在侏罗纪就有，是古老的代表种之一；现仅保存于热带、亚热带及南半球的温带地区。常生长于林内多石块山坡地。

地理分布　分布于热带及亚热带山区。

中国有 1 属 2 种，浙江有 1 属 1 种，景宁有 1 属 1 种。

金毛狗

Cibotium barometz（L.）J. Sm.

　　植株树状，高达3m。根状茎粗大，直立，有密的金黄色长茸毛，形如金毛狗头，顶端有叶丛生。叶柄长120cm；叶革质，除小羽轴两面略有褐色短毛外，余皆无毛，阔卵状三角形，长、宽几相等，三回羽裂；末回裂片镰刀状披针形，尖头，边缘有浅锯齿；侧脉单一，或在不育裂片上为二叉。孢子囊群生于小脉顶端，每一裂片有1~5对；囊群盖两瓣，形如蚌壳。

　　产于炉西峡。生于海拔350m的山脚沟边及林下阴处酸性土中。国内分布于浙江、江西、湖南、福建、台湾、广东、广西、贵州、四川及云南南部。

　　金毛狗因植株根状茎与叶柄基部密被金黄色毛而得名。金毛狗总是以群落出现，或大或小。景宁目前只在炉西峡一带发现金毛狗，而且只发现1个分布点。

　　为国家二级重点保护野生植物。

桫椤科 Cyatheaceae

形态特征　树状蕨。茎大多粗大而直立；少数种类的茎不明显，呈斜上生长。叶大型，二至三回羽状复叶，集生于茎顶，叶基部密布鳞片。孢子囊群圆形，背生于隆起的囊托上。

生长习性　土生。生长于林下或开阔地。

地理分布　多分布于热带雨林的高山上。

中国有2属14种，浙江有1属2种，景宁有1属1种。

粗齿黑桫椤

Gymnosphaera denticulata（Baker）Copel.

主茎短而横卧。叶簇生；叶柄红褐色，基部生金黄色鳞片，上部光滑，不具刺；叶披针形，二至三回羽状；羽片12~16对，互生，有短柄，长圆形。孢子囊群圆形，生于小脉中部或分叉上；囊群盖缺；隔丝多，稍短于孢子囊。

产于红星。生于海拔250~350m的毛竹林或马尾松林下，常与芒萁和黑足鳞毛蕨等混生。国内分布于浙江、江西、福建、湖南、台湾、广东、广西、四川、贵州、云南。

本种是丽水市唯一的桫椤科植物，呈低矮型，不长成树状。

鳞始蕨科Lindsaeaceae

形态特征　根状茎匍匐,其上与叶柄基部被窄鳞片。叶一型,少数为二型,羽状分裂;羽片或末回裂片为扇形、楔形或两侧不对称;叶脉分离,小脉二歧分叉,或少数为稀疏网状。孢子囊群汇生于叶缘,着生于2至多条小脉结合处,或单生于叶顶且呈圆形;囊群盖向外开口。

生长习性　土生,少数附生。

地理分布　分布于热带至亚热带地区。

中国有4属17种,浙江有2属4种,景宁有2属3种。本书介绍2属2种。

分属检索表

1.小羽片多为扇形或两侧极不对称 ························· 鳞始蕨属

1.末回裂片楔形或长披针形 ······························· 乌蕨属

团叶鳞始蕨

Lindsaea orbiculata (Lam.) Mett. ex Kuhn

　　叶近生，一回羽状；羽片有短柄，团扇形或近扇形；小羽片基部内缘凹入，下缘平直，外缘圆而有不整齐的尖齿；叶脉多回二叉扇形。孢子囊群生于小脉顶端的连接脉上，靠近叶缘，连续分布；囊群盖条形，膜质，有细齿，向外开口。

　　全县均产。生于海拔200~700m的溪边林下或路旁土坡上。国内分布于浙江、台湾、福建、广东、广西、贵州、四川东南部和云南南部。

乌 蕨

Odontosoria chinensis（L.）J. Sm.

植株高矮不一。叶近生，厚草质，无毛；叶柄禾秆色至棕禾秆色，有光泽；叶披针形或矩圆披针形，四回羽状细裂；末回裂片阔楔形，截头或圆截头，有不明显的小齿或浅裂成2~3个小圆裂片；叶脉在小裂片上二叉。孢子囊群顶生于小脉上，每一裂片具1~2枚；囊群盖杯形或浅杯形，口部全缘或多少啮断状。

全县均产。生于海拔200~1300m的林下或路边。国内广布于长江以南各省份，北达陕西南部。

是酸性土壤指示植物。

凤尾蕨科Pteridaceae

形态特征　叶形变化极大,单叶至多回羽状复叶;叶脉分离,少数具网眼。孢子囊群位于裂片边缘,被叶缘特化反卷的假囊群盖所包,少数类群孢子囊群沿脉着生或散生于叶背;无囊群盖。

生长习性　土生,小部分附生或水生。

地理分布　以热带为中心广泛分布于世界各地。

中国有21属235种,浙江有9属50种,景宁有9属31种。本书介绍9属20种。

分属检索表

1.水生;孢子囊群生于叶缘反卷之假囊群盖中 ·················· 水蕨属

1.土生;孢子囊群生于叶缘反卷之假囊群盖中,或沿脉着生。

　2.羽片或末回小羽片扇形;中脉不明显;叶轴紫褐色至黑色,有光泽 ··· 铁线蕨属

　2.叶多形;各级分裂之末回羽片中脉显著,少数不明显;叶柄至叶轴深色且发亮,或无叶柄。

　　3.叶长线形、匙形。

　　　4.叶长线形;孢子囊群2列,位于叶缘 ·················· 书带蕨属

　　　4.叶匙形;孢子囊群沿脉生长 ·················· 车前蕨属

　　3.叶羽状。

　　　5.无囊群盖,不具保护构造 ·················· 凤了蕨属

　　　5.具由叶缘反卷的假囊群盖。

　　　　6.叶柄至叶轴深色且发亮;高30cm以下小型植物 ··············· 碎米蕨属

　　　　6.仅叶柄基部呈深色,无光泽;小至大型植物。

　　　　　7.孢子叶末回裂片较宽;假囊群盖位于叶缘 ·············· 凤尾蕨属

　　　　　7.孢子叶末回裂片狭窄;假囊群盖面对面着生,几乎盖满叶背 ··· 金粉蕨属

长尾铁线蕨
Adiantum diaphanum Blume

　　叶簇生；叶纤细，栗色，有光泽，基部疏被鳞片，上部光滑，上面有1条纵沟；叶线状披针形，奇数一回羽状，在叶基部往往具有1~3条同形而较短的侧枝；羽片8~16对，互生；叶脉扇形分叉，直达边缘，两面均明显。孢子囊群除沿小脉着生外，还生于脉间的叶肉上，每一羽片具2~10枚；囊群盖圆形，宿存。

　　产于大漈小佐、红星岭脚、英川梅漈。生于海拔250~800m的房前屋后阴暗处。国内分布于浙江、江西、福建、台湾、广东、海南。

　　景宁的长尾铁线蕨几乎都生长于房前屋后或路边阴凉处的带土石缝中，在英川梅漈王氏宗祠内阴暗处的地面上呈小片生长。

扇叶铁线蕨

Adiantum flabellulatum L.

叶簇生；叶柄紫黑色，有光泽，基部被鳞片；叶扇形，二至三回不对称的二歧分叉；小羽片8~15对，互生，平展，能育部分具浅缺刻，裂片全缘，不育部分具细锯齿；叶脉多回二歧分叉，直达边缘，两面均明显。孢子囊群每一羽片具2~5个；囊群盖半圆形或长圆形。

全县均产。生于疏林下或林缘灌丛中。国内分布于长江以南各地，东至台湾，南达海南。

粉背蕨

Aleuritopteris anceps（Blanf.）Panigrahi

叶簇生；叶柄栗褐色，有光泽；叶卵圆状披针形，基部最宽，基部三回羽裂，中部二回羽裂，向顶部羽裂；侧生羽片5~10对，对生或近对生，以无翅叶轴分开，上面淡褐绿色，光滑，下面被白色粉末。孢子囊群由多个孢子囊组成，汇合成条形；囊群盖断裂，膜质，棕色，边缘撕裂成睫毛状。

产于海拔约500m的东坑章坑附近石壁上。国内分布于浙江、江西、福建、湖南、广西、四川、贵州、云南。

长柄车前蕨
Antrophyum obovatum Baker

附生植物。叶一型，单叶，常簇生；叶肉质，条状披针形至倒卵形，全缘，表皮有骨针状细胞；有或无中脉，或中脉不全，无侧脉，小脉重复二歧分叉，形成长六角形的网眼，无内藏小脉；叶柄常较短或不明显。孢子囊群长条形，通常沿网脉延伸或多少陷入叶肉内，少数散布于叶下面；无囊群盖。

产于梅岐炉西源。生于海拔 600m 的山沟悬崖峭壁上。其所在的车前蕨属系浙江省新记录属。国内分布于浙江、福建、江西、重庆、广东、广西、贵州、湖南、云南、四川、西藏、台湾。

水 蕨

Ceratopteris thalictroides（L.）Brongn.

挺水植物,幼苗期可沉水,也常见于潮湿低洼地,但植株较矮小。植株高度与水深相关。叶二型。营养叶直立或幼时漂浮;叶狭长圆形,二至三回羽裂;羽片4~6对,互生或近对生。孢子叶长圆形或卵状三角形,略较营养叶长,二至三回深羽裂;末回裂片条形,角果状,先端渐尖,边缘薄而透明,强烈反卷到达中脉。孢子囊群沿网脉疏生,幼时为反卷的叶边覆盖,成熟后多少张开。

产于红星岚头。生于海拔400m的农田内。国内分布于浙江、山东、江苏、安徽、福建、湖北、台湾、广东、广西、四川、云南等地。

为国家二级重点保护野生植物。

毛轴碎米蕨

Cheilanthes chusana Hook.

叶簇生;叶柄亮栗色;叶二回羽状全裂;羽片10~20对,中部羽片最大,下部羽片略渐短缩。孢子囊群圆形,生于小脉顶端,位于裂片的圆齿上,每一齿具1~2个;囊群盖椭圆肾形或圆肾形,彼此分离。

全县均产。生于墙缝或石壁上,少数生于林下或灌草丛中。国内分布于华东、华中、华南、西南及陕西、甘肃。

本种在景宁随处可见,在路边岩缝、乡村墙基石缝成群生长。有的因干旱而枯萎,遇雨水又萌发新枝,生长能力很强。

旱蕨

Cheilanthes nitidula Wall. ex Hook.

叶簇生;叶柄栗色或栗黑色,有光泽;叶长圆形至长圆状三角形,二回深羽裂;小羽片4~6对,披针形,钝尖,基部与羽轴合生,全缘,羽轴下侧的远较上侧的长,基部1片尤长。孢子囊群生于小脉顶部;囊群盖由叶边在小脉顶部以下反折而成,在反折处形成隆起的绿色边缘,膜质,褐棕色,边缘为不整齐的粗齿状。

产于海拔500m的东坑章坑、毛垟炉西。生于路边岩石上。国内分布于浙江和华中、华南、西南等。

普通凤了蕨

Coniogramme intermedia Hieron.

叶近生；叶柄禾秆色，有纵沟；叶卵形，二回奇数羽状；侧生羽片4~8对，互生，基部1对最大，卵形，奇数羽状；侧生小羽片2~3对，互生，边缘有尖锯齿，顶生小羽片同形而较大；侧脉二回分叉，顶端伸达锯齿内。孢子囊群条形，沿侧脉着生，向外延伸达距叶边3~4mm处。

全县均产。生于海拔250~600m的沟边林下。国内分布于东北、华东、华中、西南、西北及广西。

本种为土生中型喜阴草本，叶形大，通体深绿色，四季常青，是盆栽观叶的理想植物。

凤了蕨

Coniogramme japonica（Thunb.）Diels

植株高可达120cm。叶柄基部以上光滑；叶与叶柄等长或稍长，长圆状三角形，二回羽状；羽片基部1对最大，卵圆状三角形；侧生小羽片披针形，顶生小羽片远较侧生的大；羽片和小羽片边缘有向前伸的疏矮齿；叶脉网状。孢子囊群沿叶脉分布，几达叶边。

全县均产。生于海拔900m以下潮湿森林中。国内分布于华东、华中、华南、西南等地。

本科与普通凤了蕨类似，两者的主要区别在于：本种叶脉网状，沿主脉两侧各形成连续的1~3行网眼，网眼外的小脉分离，不达锯齿基部；孢子囊群沿侧脉延伸到近叶边。

书带蕨

Haplopreis flexuosa（Fée）E. H. Crane

　　叶常密集成丛；叶柄短，纤细；叶条形，长15~40cm或更长，宽4~8mm，亦有小型个体；中脉在叶下面隆起，纤细，其上面凹陷呈一狭缝，侧脉不明显；叶薄草质，叶缘反卷，遮盖孢子囊群。孢子囊群条形，沿叶缘着生，生于叶缘内的浅沟中，远离中脉而露出叶肉。

　　产于大部分乡镇。生于海拔500~1100m的林中树干上或岩石上。国内分布于华东、华中、华南、西南。

　　书带蕨叶呈狭长的带状，质地较厚，附生于石壁、岩缝及树干上，成片地垂挂在半空中。景宁在常绿阔叶林的溪涧两边陡壁上常见。

野雉尾金粉蕨

Onychium japonicum（Thunb.）Kunze

叶散生；叶柄基部褐棕色，光滑；叶卵状三角形或卵状披针形，渐尖头，四回羽状细裂。孢子囊群条形或短长圆形；囊群盖膜质，灰白色，全缘。

全县均产。生于海拔200~1200m的林缘、山坡路旁、溪沟边灌丛中。国内分布于华东、华中、华南、西南等，向北达河北西部，西北达陕西（秦岭）、甘肃。

凤尾蕨

Pteris nervosa Thunb.

  植株高 60~70cm。叶二型，簇生，无毛；叶柄禾秆色，光滑；孢子叶卵圆形，一回羽状，但中部以下的羽片通常分叉，有时基部 1 对还有 1~2 片分离小羽片；孢子叶的羽片 3~5（8）对，对生或向上渐为互生，斜向上，基部 1 对有短柄并二叉，偶有三叉或单一，上部的无柄，线形（或第二对也往往二叉），先端渐尖并有锐锯齿。孢子囊群沿羽片顶部以下的叶缘连续分布；囊群盖狭条形。

  产于大均、梅岐、东坑、英川。生于海拔 500~800m 的石灰岩缝或林下。国内主要分布于长江以南各地，向北达陕南，向西到藏东。

  凤尾蕨在景宁并不常见，平常所见到的都是刺齿凤尾蕨和井栏边草。

刺齿凤尾蕨

Pteris dispar Kunze

叶簇生,二型;叶柄近四棱形;叶长圆形或长圆状披针形,下侧二回深羽裂,或为三回深羽裂;营养叶与孢子叶同形,但远较小,有羽片2~5对,对生;孢子叶有羽片5~7对,边缘除小羽片顶部不育部分有锯齿外,其余全缘;侧脉分叉,小脉伸入锯齿。孢子囊群条形,沿能育羽片的叶缘着生;囊群盖条形,全缘。

全县均产。生于海拔200~800m的林下、林缘、岩石和石坎缝隙。国内分布于浙江、山东、江苏、安徽、江西、福建、湖北、湖南、台湾、广东、广西、四川、贵州。

傅氏凤尾蕨

Pteris fauriei Hieron.

叶簇生；叶三角状卵形，二回羽状深裂或基部三回羽裂；侧生羽片4~9对，近对生，中部最宽。孢子囊群条形，沿裂片边缘着生，可达基部，不达先端；囊群盖条形，膜质。

产于全县各地。生于海拔300~600m的林下。国内分布于浙江、安徽、江西、福建、湖南、台湾、广东、广西、四川、贵州、云南。

全缘凤尾蕨

Pteris insignis Mett. ex Kuhn

叶簇生；叶柄禾秆色，圆柱形，上面有沟，无毛；叶卵形或卵状长圆形，一回羽状；羽片6~16对，对生，疏离，全缘，有软骨质的边，向上各羽片渐短，顶生羽片与侧生羽片同形但略小；侧脉二叉或单一。孢子囊群条形，沿叶缘连续延伸，仅羽片基部及顶部不育；囊群盖条形。

产于大部分乡镇。生于海拔400~700m的林下或溪沟边。国内分布于浙江、江西、福建、湖南、广东、海南、广西、四川、贵州、云南。

井栏边草

Pteris multifida Poir.

　　叶二型,簇生,草质。孢子叶长卵形,一回羽状,但下部羽片往往二至三叉,除基部1对有柄外,其他各对基部下延,在叶轴两侧形成狭翅;羽片或小羽片条形,顶部渐尖,不育,有细锯齿,向下为全缘。营养叶的羽片或小羽片较宽,边缘有不整齐的尖锯齿。侧脉单一或分叉。孢子囊群沿叶缘连续分布。

　　全县均产。生于海拔达1000m的墙缝、井边和石灰岩上。国内分布于浙江、河北、山东、安徽、江苏、湖南、湖北、江西、福建、台湾、广东、广西、贵州和四川。

　　井栏边草是随处可见的1个蕨类,常附生于岩缝、砖缝,甚至水泥缝中。

斜羽凤尾蕨

Pteris oshimensis Hieron.

叶簇生；叶二回羽状深裂或基部三回羽状深裂；侧生羽片6~8对，对生或近对生，顶生羽片与侧生羽片同形，有柄；叶脉明显，自基部以上二叉，裂片基部下侧1条脉出自羽轴，上侧1条脉出自中脉；叶柄栗褐色。孢子囊群条形，沿裂片边缘着生，先端不育；囊群盖条形。

产于红星、鹤溪、大均。生于海拔250~400m的林缘山地。国内分布于浙江、江西、福建、湖南、广东、广西、四川、贵州。

半边旗

Pteris semipinnata L.

叶近簇生,多少二型;叶柄连同叶轴均为深栗色,偶为禾秆色;叶长圆状披针形或卵状披针形,下侧二回深羽裂;侧生羽片4~7对,半三角形而略呈镰刀状,先端长尾状,顶生羽片长三角形至阔披针形,有柄;营养叶叶缘有细锯齿;侧脉单一或分叉;羽轴上面沟两侧有啮蚀状的狭边。孢子囊群条形,沿能育羽片叶缘着生,顶部常不育;囊群盖条形。

产于红星、鹤溪、梅岐。生于海拔200~400m的林下。国内分布于华中、华南及浙江、福建、四川、贵州、云南。

溪边凤尾蕨
Pteris terminalis Wall. ex J. Agardh

叶簇生或近生;叶广三角形,宽与长几相等,二至三回羽状深裂;侧生羽片7~11对,近对生或互生,能育部分全缘,不育部分有锯齿,顶生羽片和侧生羽片相似,有柄;叶脉下面凸起,上面凹陷,侧脉二叉,裂片基部下侧一脉出自羽轴,二次分叉。孢子囊群和囊群盖条形,自裂片基部沿叶边着生。

产于红星、鹤溪、梅岐、大均、东坑、沙湾、毛垟、秋炉、英川。生于300~900m的林缘或林下湿润地。国内分布于浙江、江西、湖北、湖南、台湾、广东、广西、四川、贵州、云南、西藏、甘肃。

本种在常绿阔叶林山沟边可观察到,植株较高大,姿态优美,可作室内观叶植物。

蜈蚣草

Pteris vittata L.

　　叶簇生,薄草质;叶阔倒披针形,一回羽状;羽片无柄,条状披针形,渐尖头,基部圆截形或浅心形,稍膨大,两侧多少呈耳形,上侧常覆盖叶轴;不育羽片的边缘有细密锯齿;侧脉单一或分叉。孢子囊群条形,生于小脉顶端的联结脉上,靠近羽片两侧边缘,连续分布;囊群盖同形,膜质。

　　全县均产。生于钙质土或石灰岩上。国内广布于长江以南各省份,向北到甘肃(康县)、陕西(秦岭南坡)和河南南部。

　　蜈蚣草常生于岩性钙质土中,在石缝及公路崖壁中常可看见,是钙质土指示植物,也是破损山地重金属污染生物治理的优良物种。

碗蕨科 Dennstaedtiaceae

形态特征 植株不具鳞片。一至多回羽状复叶。孢子囊群近叶缘着生；囊群盖杯状或碗状，生于1条脉末端或在多条脉末端，被叶缘反卷的假囊群盖所保护，也有少数种类不具囊群盖。

生长习性 比较古老的蕨类，喜欢生长于高山密林下腐殖土中。

地理分布 分布于热带至暖温带地区。

中国有7属53种，浙江有6属19种，景宁有6属14种。本书介绍5属8种。

分属检索表

1.孢子囊群线形，沿叶边缘着生，被反卷之叶缘所覆盖 ························· 栗蕨属

1.孢子囊群圆形或近圆形，生于叶脉末端。

  2.羽片无柄 ···························· 蕨属

  2.羽片有柄。

    3.孢子囊群无盖。

      4.植株光滑无毛，叶轴偶见一至数个不定芽 ················ 稀子蕨属

      4.植株具毛，叶轴不具芽 ················ 姬蕨属

    3.孢子囊群有盖。

      5.囊群盖碗状，开口向叶背 ················ 碗蕨属

      5.囊群盖杯状，开口向叶缘 ················ 鳞盖蕨属

细毛碗蕨

Dennstaedtia hirsuta（Sw.）Mett.

　　植株全体密生灰色长毛。叶柄禾秆色；叶近簇生；叶长圆状披针形，先端长渐尖并羽裂，中部以下的为二回羽状；羽片10~15对；小羽片4~6对；叶脉羽状分叉，不达齿端，每一尖齿有小脉1条；叶草质，全体密被灰棕色多细胞长毛。孢子囊群顶生于小裂片腋处，沿叶缘着生；囊群盖浅碗形，绿色，有毛。

　　全县均产。生于海拔400~1200m林缘或沟边石缝中。国内分布于东北和浙江、江西、湖北、湖南、台湾、广东、广西、四川、贵州、陕西、甘肃。

碗 蕨

Dennstaedtia scabra（Wall. ex Hook.）T. Moore

植株高达 1.2m。叶疏生，坚草质；叶柄红棕色或淡栗色，稍有光泽；叶三角状披针形或矩圆形，下部三至四回羽状深裂，中部以上三回羽状深裂；末回裂片短，钝头，全缘，每一裂片有小脉 1 条，先端膨大成水囊体，不达叶边。孢子囊群生于小脉顶端；囊群盖碗形。

产于大部分乡镇。生于海拔 300~1100m 的林下或路边。国内分布于浙江、台湾、广西、贵州、云南、四川、湖南、江西。

碗蕨在景宁成群落分布，常见于山沟边及林缘路边。还有 1 个变种叫光叶碗蕨（*Dennstaedtia scabra* var. *glabrescens*），叶两面无毛，生长环境与碗蕨相近。

姬 蕨

Hypolepis punctata （Thunb.）Mett.

  土生。叶疏生,坚草质,粗糙,两面沿叶脉有短刚毛;叶长卵状三角形,顶部一回羽状,中部以下三至四回羽状深裂;羽片卵状披针形,有柄。孢子囊群生于末回裂片小脉顶端。

  全县均产。生于海拔 400~1200m 潮湿草地或灌丛中。国内分布于浙江、福建、台湾、广东、贵州、云南、四川、江西、安徽。

华南鳞盖蕨

Microlepia hancei Prantl

　　植株高80~120cm。叶疏生,三回羽状至四回羽裂;叶柄基部密生长茸毛。孢子囊群小,位于裂片基部上侧的近缺刻处;囊群盖近肾形。

　　产于大部分乡镇。生于海拔200~500m的林下沟边灌丛中。国内分布于浙江、福建、台湾、广东和广西。

　　本种属于南亚热带物种,在景宁较暖湿的地带,如在低海拔马尾松和毛竹林中较常见。

边缘鳞盖蕨

Microlepia marginata（Panzer）C. Chr.

　　植株高60~80cm。叶远生；叶有短硬毛，矩圆状三角形，一回羽状至二回羽裂；羽片披针形，基部上侧稍呈耳状凸起，下侧楔形，边缘多少羽裂或近羽状，裂片三角形；侧脉在裂片上为羽状，2~3对上先出，斜出。孢子囊群生于羽片近边缘处的小脉顶端；囊群盖半杯形。

　　全县均产。生于海拔300~900m的灌丛中或溪边。国内广布于长江以南各省份。

粗毛鳞盖蕨

Microlepia strigosa（Thunb.）C. Presl

植株高达1m。叶远生；叶长圆形，上面光滑，下面沿各细脉疏被灰棕色短硬毛，二回羽状；小羽片近菱形，边缘有粗而不整齐的锯齿；叶脉在上侧基部1~2对为羽状，其余各脉二歧分叉。孢子囊群小，位于裂片基部；囊群盖半杯形。

全县均产。生于海拔200~600m的林下或近水边灌丛中。国内分布于华南及浙江、江西、福建、湖北、湖南、四川、贵州、云南。

本种是景宁很常见的蕨类，野外呈块状群落分布，生长姿态比较挺拔，叶手感粗糙，是低海拔地带次生林或人工林中草本层的植被。

尾叶稀子蕨

Monachosorum flagellare（Maxim. ex Makino）Hayata

　　根状茎短,平卧,斜生,密生须根。叶簇生,直立;叶柄下面圆,上面有1条深而细的沟;叶长圆卵形,顶部长渐尖或长尾形,有时着地生根,基部阔圆形,二回羽状;羽片40~50对,互生或下部近对生,顶部以下的有狭翅汇合,略呈三角形;叶脉不明显,在小羽片上为羽状,小脉单一或二叉,每一齿有1条小脉;叶膜质,下面疏生微细腺状毛。孢子囊群圆而小,每一小羽片具2~3个;无囊群盖。

　　产于鹤溪严村。生于海拔700m的密林下石壁上。国内分布于浙江、江西、湖南、广西、贵州。

　　景宁仅见于鹤溪严村常绿阔叶林下瀑布边。这是一个很难见到的蕨类,它对环境要求苛刻,空气湿度要大,遇寒冻又会枯萎。

蕨

Pteridium aquilinum（L.）Kuhn var. *latiusculum*（Desv.）Underw. ex A. Heller

　　植株高达1m。根状茎长而横走,有黑褐色茸毛。叶远生,近革质,小羽轴及主脉下面有疏毛,其余无毛;叶阔三角形,三回羽状或四回羽裂;叶脉稠密,侧脉二叉。孢子囊群生于小脉顶端的联结脉上,沿叶缘分布;囊群盖条形,有变质的叶缘反折而成的假盖。

　　全县均产。生于海拔200~1200m的林缘及荒坡。广布于全国各地。

　　蕨是最普遍、最常见的蕨类,在早春时节它的拳卷嫩叶被当作野菜采摘,它还是破损山地修复的先锋植物。

冷蕨科 Cystopteridaceae

形态特征　中小型夏绿植物。叶远生、近生、簇生,一至三回羽状;叶脉分离,小脉单一或偶二叉,伸达叶边。孢子囊群圆形或长圆形,背生于叶脉上;囊群盖有或无,常被孢子囊群遮盖。

地理分布　世界各地均有分布,主要分布于温带和寒温带及热带山地;羽节蕨属主产于温带地区,以及热带高山地区;亮毛蕨属分布于热带和亚热带地区。

中国有4属20种,浙江有2属2种,景宁有2属2种。本书介绍2属2种。

分属检索表

1.小羽片有柄或几无柄,以关节与叶轴相连;孢子囊群无盖 ·················· 羽节蕨属

1.小羽片有短柄,不以关节与叶轴相连;孢子囊群有盖 ·················· 亮毛蕨属

亮毛蕨

Acystopteris japonica（Luerss.）Nakai

植株高 30~35cm。叶近生，二回羽状至三回深羽裂；小羽片无柄，与羽轴合生，羽裂达小羽轴两侧的窄翅；裂片有粗齿或锐齿；叶草质，两面沿叶脉疏生无色透明节状毛。孢子囊小，圆形，背生于裂片基部上侧小脉，略近边缘；囊群盖极小，被压于成熟的孢子囊群之下。

产于草鱼塘分场。生于沟谷林下。国内分布于浙江、江西、台湾、湖北、湖南、广西、四川、重庆、贵州和云南等。

东亚羽节蕨

Gymnocarpium oyamense（Baker）Ching

　　根状茎细长,横走,顶端连同叶柄基部被红棕色宽披针形鳞片。叶疏生;叶柄亮禾秆色,下面圆,上面有纵沟;叶卵状三角形,先端渐尖,基部心形,具关节且和叶柄连成斜面,一回羽状深裂。孢子囊群长圆形,生于小脉中部,远离。

　　产于鹤溪街道敕木山。生于海拔约1350m的悬崖石缝中。国内分布于浙江、陕西、甘肃、江西、台湾、河南、湖北、湖南、四川、重庆、贵州、云南和西藏等。

肠蕨科 Diplaziopsidaceae

形态特征 叶簇生;叶椭圆形,奇数一回羽状;顶生羽片分离,侧生羽片互生;主脉明显,侧脉网状,在主脉两侧形成2~4行无内藏小脉的多边形网眼。孢子囊群粗线形,单生于侧脉上侧,在主脉两侧排成整齐1行;囊群盖腊肠形,粗肥。

生长习性 土生。

地理分布 分布于亚洲热带及亚热带地区。

本科为单属科,原为蹄盖蕨科的1个属。

中国有1属4种,浙江有1属1种,景宁有1种。

川黔肠蕨

Diplaziopsis cavaleriana（Christ）C. Chr.

根状茎短而直立或斜生。叶簇生；叶奇数一回羽状；羽片 7~15 对，互生；叶薄草质；叶脉两面可见，网状，主脉与叶缘间有 2~3 行网眼。孢子囊群粗线形，近主脉或紧靠主脉，斜展，成熟时常密接；囊群盖成熟时灰棕色，从上侧边张开，宿存。

产于红星。生于海拔约 300m 常绿阔叶林山沟巨石上。国内分布于浙江、江西、福建、四川、重庆、贵州、云南等。

铁角蕨科 Aspleniaceae

形态特征 中型或小型草本。叶形变化极大,从单叶至一至多回羽状复叶;叶脉分离,上先出。孢子囊群线形,生于小脉上侧;囊群盖膜质或薄纸质,向主脉开口,有时也相向对开。

生长习性 石生或附生,少有土生。生长于潮湿的森林环境。

地理分布 世界广布,主产于热带,其中铁角蕨属为本科中心属,其他属很少;许多种生于干旱生境和石灰岩缝隙中。

中国有2属108种,浙江有2属25种,景宁有2属17种。本书介绍2属15种。

分属检索表

1.根状茎短而直立,单叶或一至四回羽状,叶主脉基部下侧的侧脉完整 ··· **铁角蕨属**

1.根状茎细而横走,通常一回羽状,罕单一,叶主脉基部下侧的侧脉缺失 ············

··············· **膜叶铁角蕨属**

铁角蕨

Asplenium trichomanes L.

　　小型草本蕨类植物,植株高可达30cm。叶多数,密集簇生;叶柄栗褐色,有光泽;叶长线形,一回羽状;羽片基部的对生,近无柄,椭圆形或卵形,圆头,有钝齿;叶脉羽状,纤细,两面均不明显。孢子囊群阔线形,黄棕色;囊群盖阔线形,灰白色。

　　全县均产。生于海拔400~1000m林下山谷中的岩石上或石缝中。国内分布于浙江、山西、陕西、甘肃、新疆、江苏、安徽、江西、福建、台湾、河南、湖北、湖南、广东、广西、四川、贵州、云南、西藏。

华南铁角蕨

Asplenium austrochinense Ching

叶簇生；叶披针形至阔披针形，顶部渐尖并羽裂，基部不狭缩，向下为二回羽状或三回羽裂，羽轴两侧有狭翅；叶脉上面隆起，下面多少凹陷呈沟脊状，侧脉单一或分叉。孢子囊群线形，背生于小脉中部，每一裂片有1~3个；囊群盖线形。

产于鹤溪、大均、沙湾、毛垟。生长于海拔400~1000m的林下湿石上或路旁石缝中。国内分布于西南及浙江、江西、福建、湖南、广东、广西。

大盖铁角蕨

Asplenium bullatum Wall. ex Mett.

叶簇生；叶柄淡绿色；叶三回羽状；羽片 16~19 对；小羽片 11~13 对，末回小羽片 3~4 对；叶脉两面略可见，在末回小羽片为羽状，小脉单一或二叉。孢子囊群近椭圆形，生于小脉中部，每末回小羽片有 1~3 枚；囊群盖大，椭圆形，灰白色，膜质，全缘，开向主脉，宿存。

产于炉西峡一带。生于海拔 300~400m 常绿阔叶林峡谷崖壁上。国内分布于浙江、福建、台湾、四川、贵州、云南

虎尾铁角蕨

Asplenium incisum Thunb.

叶簇生,具柄;叶线状披针形或广披针形,羽裂渐尖头,基部略狭缩,草质,光滑无毛;一至二回羽状羽片约20对,基部羽片逐渐缩小呈卵形。孢子囊群生于小脉中部。

全县均产。生于林缘、路旁石缝,常与藓类伴生。广布于全国各地。

倒挂铁角蕨

Asplenium normale D. Don.

叶簇生；叶柄栗褐色，有光泽；叶披针形，一回羽状；叶轴上下及两边无翅，叶轴顶端常有1枚被鳞片的芽胞；羽片18~30对，羽片三角状长圆形，互生，彼此密接；叶脉不隆起，羽片主脉两侧（或上侧）各有1行孢子囊群。孢子囊群长圆形，着生于小脉中部以上，靠近叶边；囊群盖长圆形，均开向主脉。植株呈倒挂状生长。

全县均产。生于海拔300~1200m的常绿阔叶林下岩石上。国内分布于华南、西南及浙江、江苏、安徽、江西、湖南。

北京铁角蕨

Asplenium pekinense Hance

　　小型植株。根状茎短而直立,密被锈褐色鳞毛和黑褐色鳞片。叶簇生;叶柄淡绿色;叶披针形,先端渐尖并羽裂,基部略短缩,二回羽状至三回羽裂;羽片8~10对,互生。孢子囊条形或长圆形,着生于小脉中部以上,每一小羽片有2~4个,成熟时往往满布叶下面;囊群盖长圆形,开向主脉或少数同时开向叶边。

　　全县广布。生于海拔1000m以下崖石上或石缝中。国内分布于华中、华南、西南、西北及浙江、内蒙古、河北、山西、山东、江苏、福建。

长叶铁角蕨

Asplenium prolongatum Hook.

叶簇生；叶柄绿色，基部被鳞片，上部光滑，上面有1条纵沟，直达叶轴顶部；叶线状披针形，先端渐尖，基部不变狭，二回深羽裂；末回小羽片或裂片条形；叶脉羽状，上面隆起，每一裂片有小脉1条，不达叶边；叶近肉质；叶轴顶端常延长呈鞭状，有1枚被鳞片的芽胞。孢子囊群条形，着生于小脉中部，每一小羽片或裂片只有1枚；囊群盖硬膜质，开向叶边。

产于九龙、渤海、红星、鹤溪、大均、梅岐、沙湾、英川、毛垟、东坑、景南、草鱼塘分场及望东垟自然保护区、大仰湖自然保护区。生于海拔400~900m林下树干上或石壁上。国内分布于华中、华南、西南及浙江、安徽、福建、甘肃。

本种叶顶端的芽胞会附地生根，形成新的植株，有时在岩壁或树干上看到一步一株一步一株牵着往上发展，形成1个小群落。

骨碎补铁角蕨

Asplenium ritonse Hayata

　　叶簇生；叶柄两侧有窄翅；叶椭圆形，长尾头，三回羽状；羽片10~12对，互生。孢子囊群椭圆形，与裂片近等长，不达裂片先端，每一裂片或末回小羽片具1枚；囊群盖同形，开向叶缘，宿存。

　　产于大均、标溪、大地。生于海拔600m以下林下阴湿崖壁上。国内分布于浙江、江西、福建、台湾、广东等。

华中铁角蕨

Asplenium sarelii Hook.

叶簇生；叶柄长 5~10cm，细弱，绿色；叶三角状矩圆形，最宽处在基部，先端渐尖，三回羽状复叶；羽片卵形；裂片线形，有细齿 1~2 枚；叶草质；两面均无毛，绿色。孢子囊群线形，每一裂片具 1~2 枚；囊群盖同形，膜质。

全县均产。生于海拔 300~900m 林缘路边石缝中。国内分布于浙江、四川、湖北、湖南、贵州、江西、江苏、福建等。

三翅铁角蕨
Asplenium tripteropus Nakai

植株高 15~30cm。根状茎短而直立,先端密被鳞片;鳞片线状披针形,褐棕色或深褐色而有棕色狭边,全缘。叶簇生;叶柄栗褐色,有光泽,三角形,在上面两侧和下面的棱脊上各有 1 条棕色的膜质全缘翅;叶长条形,一回羽状;羽片 23~35 对,下部数对羽片向下逐渐远离并缩小,渐变为圆形、卵形或扇形;叶脉羽状,两面均不可见,小脉纤细,二叉,叶脉不隆起;叶纸质,干后草绿色或褐绿色,叶面不呈沟脊状;叶轴乌木色,在上面两侧及下面的棱脊上各有 1 条棕色的膜质全缘阔翅,向顶部常有 1~2 个腋生芽胞,能在母株上萌发;羽片主脉两侧(或上侧)各有 1 行孢子囊群。孢子囊群椭圆形,生于上侧小脉;囊群盖椭圆形,均开向主脉,膜质,灰绿色,全缘。

全县均产。生于海拔 400~1200m 的路旁林缘及村庄附近半干旱的岩石上。国内分布于浙江、安徽、江西、福建、台湾、湖北、湖南、四川、贵州、云南、山西、重庆、广东、陕西、甘肃、河南、江苏。

闽浙铁角蕨

Asplenium wilfordii Mett. ex Kuhn

叶簇生；叶柄深绿或下部褐色，上部疏被棕色披针形小鳞片，有纵沟；叶椭圆形；羽片9~15对，基部的对生，上部的互生，有长柄。囊群盖线形，长2~3mm，淡灰色，相对开，宿存。

产于大均、红星、鹤溪、东坑、景南、英川。生于海拔400~800m林中树干上或林下巨石上。国内分布于浙江、江西、福建、台湾。

狭翅铁角蕨

Asplenium wrightii Eaton ex Hook.

叶簇生;叶柄淡绿色;叶椭圆形,一回羽状;羽片16~24对,基部的对生或近对生,上部的互生,披针形或镰刀状披针形,有粗锯齿或重锯齿,上部各对羽片与下部的同形,渐短;叶脉羽状,两面明显,小脉二回二叉,不达叶缘。孢子囊群线形,略外弯,生于上侧一脉,自主脉向外行几达叶缘,沿主脉两侧排列;囊群盖线形,全缘,开向主脉,宿存。

全县均产。生于海拔900m以下溪边密林中。国内分布于浙江、江苏、江西、福建、台湾、湖南、广东、广西、四川、贵州。

东南铁角蕨

Asplenium oldhamrii Hance

叶簇生；叶椭圆披针形，先端渐尖，一回羽状；羽片 5~9 对；裂片 1~2 对，斜向上，椭圆形，基部上侧 1 片较大，先端圆截形并有长齿，两侧全缘。孢子囊群短线形，斜向上，彼此接近，生于小脉中部，不达叶边，每一裂片有 1~4 枚（基部上侧 1 片有 3~7 枚），排列不整齐；囊群盖短线形，棕色，厚膜质，全缘，开向主脉，少数开向叶边，宿存。

产于沙湾道化。生于海拔 400m 古树林岩石上。国内分布于浙江、安徽、江西、福建、台湾。

棕鳞铁角蕨

Asplenium yoshinagae Makino

根状茎粗短而直立,密被红棕色、有光泽、具细筛孔的鳞片。叶簇生;叶柄禾秆色,上面有纵沟;叶披针形或宽披针形,先端渐尖并羽裂,基部不变狭或略变狭,一回羽状;羽片9~20对,互生,略斜展,有短柄,菱状披针形,边缘为不规则或条裂,羽片腋间能长出被小鳞片的芽胞;叶脉羽状,上面隆起呈沟脊状,小脉二回二叉,不达叶缘;叶薄革质,无毛;羽片主脉两侧(或上侧)下部有多排孢子囊。孢子囊群条形,靠近主脉;囊群盖条形,其盖开向主脉或开向叶边,膜质,全缘。

产于大仰分场。生于海拔700~900m常绿阔叶林山沟岩壁或树干上。国内分布于浙江、江西、福建、湖北、湖南、广东、广西、四川、云南、西藏。

切边膜叶铁角蕨

Hymenasplenium excisum（C. Presl）S. Lindsay

叶疏生；叶柄栗褐色；叶披针状椭圆形，尾状头上部，向基部稍宽，一回羽状；羽片18~20（25）对，下部的近对生，上部的互生，柄长菱形，基部斜楔形，上侧平截，下侧斜切至主脉，上缘及下缘中部以上有粗锯齿，上部各对与下部的同形而渐短；叶脉羽状，主脉下面与叶轴同色，下部1/4~1/3与羽片下缘合一并上弯，小脉纤细。孢子囊群宽线形，着生于上侧小脉中部，位于小脉和叶缘间，远离主脉和叶缘；囊群盖宽线形，开向主脉。

产于红星、鹤溪、大均、郑坑、梅岐、东坑。生于海拔600m以下密林阴湿石缝中或潮湿悬崖下。国内分布于浙江、台湾、广东、海南、广西、贵州西南部、云南南部及西藏。

轴果蕨科 Rhachidosoraceae

形态特征　叶远生或近生；叶柄常与叶近等长；叶卵状三角形，两面光滑，三回羽状至四回深羽裂；叶脉分离。孢子囊群线形，略呈新月状，单生于末回小羽片基部上侧一小脉上，紧靠小羽轴，彼此近平行；囊群盖新月形，单生，厚膜质，稍膨胀，全缘，宿存。

生长习性　土生。

地理分布　分布于中国亚热带地区，东至日本，南达印度尼西亚。

中国有1属5种，浙江有1种，景宁有1种。

轴果蕨

Rhachidosorus mesosorus（Makino）Ching

叶近生；叶阔卵形至三角形，下部二至三回羽状，互生，近平展，基部不对称（上侧近截形，下侧阔楔形）。孢子囊群及囊群盖略呈新月状，单生于末回裂片基部上侧小脉下部，紧靠小羽片中肋或裂片主脉。

产于毛垟炉西岭。生于海拔700m山谷阔叶林下的碎石堆钙质土中。国内分布于浙江、江西、江苏、湖北、湖南。

金星蕨科 Thelypteridaceae

形态特征　大中型常绿或夏绿型植物。植株具单细胞针状毛,甚至在鳞片上也可见。大多数孢子囊群圆形,着生于脉上;大多具有圆肾形囊群盖。

生长习性　土生,呈丛生或成片生长。

地理分布　主要分布于热带、亚热带地区。景宁多数产于低山林下、林缘及农田旁,少数到达中山林缘、湿地。

中国有 18 属 199 种,浙江有 12 属 43 种,景宁有 11 属 32 种。本书介绍 10 属 18 种。

分属检索表

1.叶三至四回羽状深裂 ··· 针毛蕨属

1.叶至多二回羽状深裂。

  2.叶轴上同侧羽片间具翅 ··· 卵果蕨属

  2.不具上述特征。

    3.叶柄紫褐色,最基部 1 对裂片呈蝴蝶状 ···················· 紫柄蕨属

    3.不具上述特征

      4.叶至多一回羽状复叶,羽片全缘。

        5.叶脉网眼呈整齐方格形 ································· 新月蕨属

        5.叶脉网眼呈多边形 ····································· 圣蕨属

      4.叶二回羽状分裂。

        6.植株具钩毛状 ··· 钩毛蕨属

        6.不具钩毛状。

7.孢子囊群线形,不具囊群盖 ·············· 茯蕨属

7.孢子囊群圆形,具圆肾形囊群盖。

  8.基部羽片渐缩,或无明显缩小。

    9.相邻裂片基部小脉指向缺刻凹处上方,两者不联结。

      10.羽轴表面具沟 ·············· 金星蕨属

      10.羽轴表面不具沟 ·············· 凸轴蕨属

    9.相邻裂片基部小脉顶端连接,并延伸成一小脉指向缺刻··· 毛蕨属

  8.基部羽片渐缩至蝶翼状 ·············· 假毛蕨属

狭基钩毛蕨

Cyclogramma leveillei (Christ) Ching

叶近生;叶长30~55cm,长圆披针形,先端渐尖并羽裂,向基部突然变狭,二回羽状深裂;羽片12~20对,基部1对明显短缩;叶脉下面明显,侧脉单一,每一裂片有6~10对,基部1对出自主脉基部以上,均伸达缺刻以上的叶边;叶草质,下面沿羽轴和主脉被较密针状刚毛。孢子囊群小,圆形,背生于侧脉中部,每一裂片具5~7对;无囊群盖。

产于九龙、郑坑、红星、鹤溪、梅岐、东坑、沙湾、英川、家地。生于海拔400~600m的山沟林下有腐殖土的岩石上。国内分布于浙江、福建、台湾、广东、贵州、云南、四川。

渐尖毛蕨

Cyclosorus acuminatus（Houtt.）Nakai

　　叶远生；叶二回羽裂，尾状渐尖，基部不变狭；羽片约15对，互生；叶脉两面清晰，侧脉斜上，每一裂片约有10对，基部1对出自主脉基部，顶端交结成钝三角形网眼，并自交结点伸出外行小脉到缺刻下的透明膜质连线，第2对侧脉到达缺刻下的膜质底部，其余侧脉均伸达缺刻以上的叶边；叶柄与叶近等长。孢子囊群圆形，生于侧脉中部以上，较近叶边，每一裂片具3~7对；囊群盖大，圆肾形。

　　全县均产。生于竹林和疏林下。国内广布于长江以南各地，东到台湾，北到陕西。

干旱毛蕨

Cyclosorus aridus（D. Don）Ching

　　叶远生；叶柄长约35cm；叶阔披针形，基部渐变狭，二回羽裂；下部6~10对羽片逐渐缩小成小耳片，中部羽片披针形，有侧脉9~10对。孢子囊群生于侧脉中部；囊群盖小，无毛。

　　产于红星、鹤溪、郑坑、梅岐、东坑、雁溪、家地。生于海拔200~500m的溪沟边或疏林下潮湿地。国内分布于浙江、福建、台湾、广东、广西、云南、四川、江西和安徽。

齿牙毛蕨

Cyclosorus dentatus（Frossk.）Ching

　　叶近生或簇生；叶柄灰禾秆色，密被灰白色硬毛；叶披针形至长圆状披针形，先端长渐尖，基部略狭缩，二回羽裂；叶脉羽状，侧脉每一裂片具7~8对，基部1对交结，第2对上侧1条脉伸达缺刻底部，并与第1对交结点的外行小脉相连，仅下侧1条伸达缺刻以上的叶边。孢子囊群圆形，着生于侧脉中部；囊群盖圆肾形，密被毛。

　　全县均产。生于海拔700m以下的林缘路边半阴处或村庄附近农用地上，土生。国内分布于华南、西南及浙江、江西、福建、湖南。

华南毛蕨

Cyclosorus parasiticus（L.）Farw.

叶近生；叶柄长达40cm，深禾秆色，略有柔毛；叶草质，矩圆披针形，基部不变狭，两面沿叶脉有针状毛（下面较密，并有橙色腺体），上面脉间疏生短刚毛，二回羽裂；每一裂片上有6~8对侧脉，仅基部1对联结。孢子囊群生于侧脉中部稍上处；囊群盖小，圆肾形，密生柔毛。

全县均产。生于海拔200~600m的密林下或溪边湿地。国内分布于浙江、福建、台湾、广东、广西、云南、四川和湖南。

闽浙圣蕨

Dictyocline mingchegensis Ching

叶簇生；叶柄淡禾秆色；叶长圆形或狭长圆形，一回羽状；羽片4~6，对生，近无柄，侧生羽片卵状披针形，先端渐尖，基部圆形，全缘或多少呈波状，顶生羽片较大，三叉；中央裂片较基部裂片大，边缘波状，基部裂片与侧生羽片同形而较小；侧脉斜向上，伸达近叶边，侧脉内的小脉网状，网眼2~3行，近四方形，无内藏小脉。孢子囊群条形，沿网脉着生；无囊群盖。

产于红星、鹤溪、梅岐、东坑、景南、东坑、望东垟自然保护区。生于海拔500~800m的林下湿地。国内分布于浙江、江西、福建。

羽裂圣蕨

Dictyocline wilfordii（Hook.） J. Sm.

叶簇生；叶柄禾秆色；叶三角形或长圆状三角形，先端短尖，基部心形，一回深羽裂几达叶轴，少有基部具1~2对近分离的羽片；基部1对裂片最大，全缘或波状，略向上弯曲，向上的裂片渐短；叶脉网状，侧脉间的小脉连成2~3行斜方形或五角形网眼，有内藏小脉。孢子囊群条形，沿网脉着生；无囊群盖。

产于红星、鹤溪、大均、梅岐、东坑、景南、雁溪、家地。生于林下或林缘阴湿环境。国内分布于浙江、江西、福建、台湾、广东、广西、四川、贵州、云南。

小叶茯蕨

Leptogramma tottoides H．.Itô

　　叶簇生；叶柄被长毛或短刚毛，基部被与根状茎同样的鳞片；叶戟形或长圆状戟形，先端长渐尖并羽裂，基部不狭缩，二回羽裂；羽片10~15对，基部1对羽片较其上的长，其余向上各对羽片渐短小；叶脉羽状，分离，小脉单一，伸达叶边；叶草质，两面被灰白色针状长毛和短刚毛。孢子囊群长圆形，着生于小脉下部；无囊群盖。

　　产于大部分乡镇。生于海拔800m以下的林下潮湿之地或石缝及路边阴湿处。国内分布于浙江、江西、福建、湖南、台湾、重庆、贵州。

针毛蕨

Macrothelypteris oligophlebia （Bak.） Ching

植株高 60~150cm。叶簇生，草质，两面无毛；叶柄长 40~70cm；叶几与叶柄等长，三角状卵形，三回羽状。叶草质，腹面沿羽轴及小羽轴被灰白色的短针状毛。孢子囊群生于侧脉近顶端；囊群盖微小，圆肾形，灰绿色，光滑。

全县均产。生于海拔 600m 以下的毛竹林下或林道边坡。国内分布于长江中下游、福建、贵州和河南南部。

翠绿针毛蕨

Macrothelypteris viridifrons（Tagawa）Ching

植株高达150cm。根状茎短，直立，顶端连同叶柄基部均被褐色鳞片。叶簇生；叶柄深禾秆色；叶三角状卵形，先端尾状长渐尖，四回羽裂；羽片12~15对，多具柄，卵状披针形，基部1~2对最大，三回羽裂；小羽片12~15对，互生，平展，与羽轴以直角相交，长圆状披针形，先端急尖或长渐尖，基部平截，末回小羽片7~12对，先端钝圆，基部平截，一回羽裂；裂片长圆形，长与宽几相等，先端圆钝，近全缘；叶脉羽状，小脉单一，不达叶边；叶薄草质，下面密被白色多细胞针状长毛，上面沿脉被白色针状毛。孢子囊群小，着生于小脉近顶端；无囊群盖。

产于鹤溪、大均、沙湾、毛垟、景南。生于海拔300~500m林缘或农地附近小山沟边。国内分布于浙江、江苏、安徽、江西、福建、湖南、贵州。

林下凸轴蕨

Metathelypteris hattorii（H. Itô）Ching

植株高35~40cm。根状茎短而横卧,有灰白色刚毛。叶近生,草质,两面有短柔毛,羽轴上面圆形隆起;叶柄长19~26cm,淡禾秆色,基部密生刚毛和红棕色披针形鳞片;叶三角状卵形,三回羽状深裂;羽片无柄,下部的向中部变宽,向基部变狭,基部1对不短缩;羽轴上侧的小羽片较下侧的短,羽状深裂达2/3;裂片钝头,斜上,全缘;裂片上的侧脉单一或间为二叉。孢子囊群小,生于裂片基部上侧一脉的顶端;囊群盖小,圆肾形,有柔毛。

产于大部分乡镇。生于海拔300~800m的常绿阔叶林或毛竹林下。国内分布于浙江、福建、江西、湖南和四川。

疏羽凸轴蕨

Metathelypteris laxa (Franch. & Sav.) Ching

植株高 25~70cm。叶远生;叶柄长 10~35cm;叶长 15~35cm,中部宽 10~18cm,长圆形,先端渐尖并羽裂,基部几不变狭,二回羽状深裂;叶脉可见,侧脉在下部羽片的裂片上二叉,其他的单一。孢子囊群小,圆形,每一裂片具 4~6 对,生于侧脉或分叉侧脉的上侧一脉顶端,较近叶边;囊群盖小,圆肾形,膜质,绿色。

全县均产。生于海拔 200~1000m 的林缘及山路林下。国内广布于长江流域、福建、广东、广西。

长根金星蕨

Parathelypteris beddomei（Baker）Ching

植株高35~55cm。根状茎细长,横走。叶近生;叶柄淡禾秆色,基部疏被短毛和红棕色的阔形鳞片;叶倒披针形,长28~37cm,先端渐尖并羽裂,二回深羽裂;羽片约35对,下部多对逐渐短缩成蝶形,基部1~2对几退化,狭披针形,羽状深裂;裂片12~16对,长圆形,边缘具锯齿;叶脉在裂片上为羽状,侧脉单一,伸达叶边,基部1对出自中脉基部;叶纸质,上面脉上有毛,下面有橙色腺体,叶轴、羽轴和中脉上及叶缘有较多的灰白色长毛。孢子囊群圆形,着生于侧脉上部,靠近叶边;囊群盖圆肾形,近无毛。

产于东坑朱树根。生于海拔约600m的常绿阔叶林山沟边。国内分布于浙江、福建、台湾。

金星蕨

Parathelypteris glanduligera（Kunze）Ching

　　植株高 30~50cm。叶近生；叶二回羽状深裂；羽片约 15 对；裂片 15~20 对或更多，彼此接近，长圆状披针形，圆钝头或为钝尖头，全缘，基部 1 对，尤其上侧 1 片通常较长；叶脉明显，侧脉单一，每一裂片具 5~7 对，基部 1 对出自主脉基部以上。孢子囊群小，圆形，每一裂片具 4~5 对，背生于侧脉的近顶部，靠近叶边；囊群盖圆肾形，棕色。

　　全县均产。生于海拔 200~1300m 的疏林下及林缘。常与疏羽凸轴蕨混生。国内广布于长江以南各省份，向西南到云南。

光脚金星蕨
Parathelypteris japonica（Baker）Ching

　　植株高 50~90cm。叶近生或近簇生；叶柄基部近黑色，略被红棕色的披针形鳞片，上部为栗褐色或栗棕色，无毛；叶卵状长圆形，先端渐尖并羽裂，基部不变狭，二回羽状深裂；羽片15~20 对；叶脉明显，侧脉斜上，单一，每一裂片具 8~10 对，基部 1 对出自主脉基部附近。孢子囊群圆形，背生于侧脉中部稍上处，每一裂片具 3~4 对；囊群盖大，圆肾形，浅棕色，膜质，背面被较多的灰白色柔毛，宿存。

　　产于大部分乡镇。生于海拔 600~1300m 山地针叶林下，有时也在海拔约 300m 路边林缘出现。国内分布于长江以南各省份、吉林、台湾。

延羽卵果蕨

Phegopteris decursive-pinnata（H. C. Hall）Fée

植株高30~60cm。叶簇生；叶二回羽裂，或一回羽状而边缘具粗齿；羽片20~30对，互生，斜展，中部的最大，基部的阔而下延，在羽片间彼此以圆耳状或三角形的翅相连，基部1对羽片常缩小成耳片；叶脉羽状，侧脉单一，伸达叶边。孢子囊群近圆形，背生于侧脉的近顶端，每一裂片具2~3对；无囊群盖。

全县均产。生于海拔900m以下的灌丛地及农地边草丛中。国内主要分布于长江以南各省份，向北至河南及陕西，西至云南。

普通假毛蕨

Pseudocyclosorus subochthodes（Ching）Ching

　　植株高达120cm。叶近生或簇生；叶柄光滑无毛，基部深棕色，上部禾秆色；叶长圆披针形，二回深羽裂；下部羽片逐渐缩小，最下的缩成瘤状，中部正常羽片26~28对，深羽裂几达羽轴；裂片28~30对，以狭的间隔分开；叶脉两面明显，主脉隆起，每一裂片有侧脉9~10对。孢子囊群圆形，着生于侧脉中上部；囊群盖圆肾形，厚膜质，淡棕色，无毛，宿存。

　　全县均产。生于海拔800m以下的山谷林下、沟边等湿润处。国内分布于长江以南各地。

耳状紫柄蕨

Pseudophegopteris aurita（Hook.）Ching

　　植株高 40~60cm。叶远生；叶柄栗红色，有光泽；叶卵状披针形，二回羽状深裂；羽片 10~18 对，对生，无柄，彼此远离；裂片 15~20 对，平展，密接，羽轴下侧的裂片较上侧的长，基部 1 对最大，其下侧 1 片特大；叶脉下面明显，侧脉二叉或单一，每一裂片具 5~7 对。孢子囊群长圆形或卵圆形，背生于侧脉中部以上，远离主脉，每一裂片具 2~5 对；无囊群盖。

　　产于大部分乡镇。生于海拔 700m 以上的密林下及路边阴湿草丛中。国内分布于浙江、福建、江西、重庆、广东、广西、贵州、湖南、西藏、云南。

蹄盖蕨科 Athyriaceae

形态特征　中小型草本植物。叶簇生,少有远生;叶柄基部有扁阔维管束2条,向上融合成U形;叶多为一回以上之羽状,叶表之叶轴与羽轴常具深纵沟,且互通;叶脉分离,少有网状。孢子囊群多为长形,生于叶脉上;大多具囊群盖,囊群盖形态多样。

生长习性　林下土生,大多成丛生长。

地理分布　广布于世界各地,尤以热带、亚热带山地潮湿林下最多,各属均具有各自的主要地理分布区和垂直分布带。景宁主产于500m以上较高海拔地带,大多是夏绿型。

中国有5属282种,浙江有5属57种,景宁有5属43种。本书介绍5属23种

分属检索表

1.孢子囊群无盖 ·· 角蕨属

1.孢子囊群有盖。

　2.叶和叶轴多少被透明节状毛、腺毛、小鳞片 ································· 对囊蕨属

　2.叶和叶轴无毛,或有单细胞柔毛、腺毛。

　　3.囊群盖圆肾形或长圆形,生于叶脉背部 ································· 安蕨属

　　3.囊群盖马蹄形、弯钩形、新月形、线形或短线形,生于叶脉上侧或成对生于一脉上下两侧。

　　　4.孢子囊群不成对生于一脉上下两侧;囊群盖马蹄形、弯钩形、新月形 ······
　　　 ··· 蹄盖蕨属

　　　4.孢子囊群常成对双生于一脉上下两侧;囊群盖线形或短线形 ··· 双盖蕨属

华东安蕨

Anisocampium sheareri （Bak.） Ching

植株高 35~55cm。叶远生；叶矩圆形或卵状三角形，顶部渐尖并羽裂，一回羽状，下部的羽片分离，上部的和叶轴合生，边缘浅裂，有刺状尖锯齿；叶脉在裂片上羽状，小脉单一或少有分叉。孢子囊群圆形，生于小脉中部；囊群盖小，肾形。

全县均产。生于海拔 300~700m 的山沟密林中和溪边林下。国内分布于浙江、福建、江西、安徽、湖南、湖北、四川、贵州和云南。

湿生蹄盖蕨

Athyrium devolii Ching

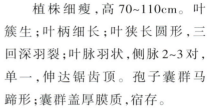

植株细瘦,高70~110cm。叶簇生;叶柄细长;叶狭长圆形,三回深羽裂;叶脉羽状,侧脉2~3对,单一,伸达锯齿顶。孢子囊群马蹄形;囊群盖厚膜质,宿存。

产于大部分乡镇。生于海拔500~1200m的林下、溪边草丛或山地沼泽。国内分布于西南及浙江、江西、福建、湖南、广西。

长江蹄盖蕨

Athyrium iseanum Rosenst.

植株高 30~60cm。叶簇生；叶草质，矩圆形，渐尖头，叶轴顶部下面往往有 1 个芽胞，三回深羽裂；裂片有几个短尖锯齿；主脉上面有细长刺。孢子囊群大多矩圆形，生在裂片上侧的往往为马蹄形；囊群盖同形。

全县均产。生于海拔 500~1100m 的林下阴湿地。国内分布于浙江、福建、广东、广西、贵州、云南、四川、湖南和江苏。

光蹄盖蕨

Athyrium otophorum（Miq.）Koidz.

　　植株高 50~70cm。叶簇生；叶柄禾秆色；叶纸质，长卵形，和叶柄近等长，二回羽状；小羽片上的侧脉二叉。孢子囊群矩圆形，靠近主脉两侧各 1 行；囊群盖同形。

　　产于大部分乡镇。生于海拔 600~800m 沟边林下或林缘路旁。国内分布于浙江、安徽、湖北、福建、广东、贵州和四川。

尖头蹄盖蕨

Athyrium vidalii（Franch. & Sav.）Nakai

　　根状茎短，直立，先端密被深褐色、条状披针形、鳞片纤维状。叶簇生；叶长卵形或三角状卵形，二回羽状；羽片约12对，一回羽状；小羽片约16对，卵形至长圆状披针形，尖头，上侧截形且有钝圆的耳状凸起，下侧楔形。孢子囊群长圆形或短条形，在主脉两侧各排成1行，稍近主脉，叶耳上有1~2枚；囊群盖长圆形。

　　产于大漈、景南、草鱼塘分场。生于海拔700~1200m针阔混交林下。国内分布于华中及浙江、安徽、福建、台湾、广西、四川、贵州、云南、陕西、甘肃。

华中蹄盖蕨

Athyrium wardii（Hook.）Makino

植株高50~70cm。叶簇生；叶纸质，卵状三角形或卵状矩圆形，顶部急变狭，二回羽状；羽片披针形，长渐尖；小羽片侧脉二叉，无柄，有时合生，中部以上的有狭翅相连，边缘有细锯齿。孢子囊群条形，斜上，靠近主脉两侧各成1行；囊群盖同形。

产于九龙、渤海、梅岐、东坑、景南、草鱼塘分场及望东垟自然保护区。生于海拔达1000m的山谷林下或溪边。国内分布于浙江、福建、湖北、江西、四川。

角 蕨

Cornopteris decurrenti-alata（Hook.）Nakai

植株高50~80cm。根状茎粗而横卧。叶近生；叶草质，二回羽状或三回羽裂；羽片对生，无柄，平展，基部1对略短缩；小羽片平展，基部以狭翅相连，边缘有锯齿或羽状半齿；裂片圆头，有疏钝齿。孢子囊群矩圆形或近圆形，生于小脉中部以下；无囊群盖。

产于红星、鹤溪、东坑。生于海拔500~900m的山谷林下或杉木林下。国内分布于浙江、福建、台湾、广东、广西、江西、湖南。

黑叶角蕨

Cornopteris opaca（Don）Tagawa

叶簇生；叶三角状卵形，一至二回羽状；侧生羽片约 10 对，近对生；叶草质。孢子囊群短线形，背生于小脉中部或小脉分叉处。

产于鹤溪严村。生于海拔约 650m 的毛竹林缘。国内分布于浙江、广西、云南南部。

本种极似角蕨，两者的主要区别在于：本种根状茎短而直立，叶簇生，羽片有柄，小羽片羽裂达 2/3。

假蹄盖蕨（东洋对囊蕨）

Deparia japonica（Thunb.）M. Kato

　　植株高 30~50cm。叶远生；叶柄疏生红棕色卷曲的短毛和披针形小鳞片；叶革质，二回深羽裂，披针形，渐尖头，羽裂达羽轴两侧的阔翅；裂片开展，圆头并有浅圆齿，两侧几全缘。孢子囊群条形，通常单生一脉；囊群盖同形，膜质。

　　全县均产。生于海拔 200~900m 的山谷沟边或林下。国内广布于长江流域、福建、台湾、云南、广西。

毛叶对囊蕨（毛轴假蹄盖蕨）

Deparia petersenii（Kunze）M. Kato

根状茎细长，横走。孢子叶形态多样；叶柄禾秆色，具狭披针形的鳞片及节状短毛；一回羽状复叶；羽片平展或略向上斜展，羽状半裂至深裂，侧生分离羽片的裂片可达15对；裂片上羽状脉的小脉7对以下，斜向上，单一或二叉；叶草质，下面沿叶轴、羽片中肋及叶脉通常具长节毛，脉间无毛或有灰白色细短节毛。孢子囊群短条形或线状矩圆形，基部一脉常为双生囊群，其余多单生于小脉上侧，成熟时常布满裂片下面；囊群盖膜质，背面有短节毛或无毛，边缘撕裂状，有睫毛。

全县均产。生于海拔200~900m的山谷沟边或林下。国内分布于华东、华中、华南、西南及陕西、甘肃。

本种近似假蹄盖蕨，两者的区别在于：本种羽片有毛，叶轴、羽轴、叶脉密生棕色卷曲短毛和疏生鳞片，羽片短渐尖。

单叶双盖蕨

Deparia lancea（Thunb.）Fraser-Jenk.

单叶,远生;叶条状披针形,两端渐狭,全缘或浅波状;中脉两面均明显,侧脉羽状。孢子囊群条形,生于每组侧脉的上侧一脉;囊群盖同形。

全县均产。生于海拔200~800m的林缘或林下溪沟边阴湿地。国内分布于华东、华南、华中、西南。

大久保对囊蕨（华中介蕨）

Deparia okuboana（Makino）M. Kato

　　植株高达 100cm。叶近生；叶薄草质，矩圆形，二回羽状至三回羽裂，全缘；叶脉在裂片上羽状，单一。孢子囊群圆形，在小羽轴两侧各成 1 行或在裂片上有 3~5 枚；囊群盖圆肾形，膜质，宿存。

　　全县均产。生于海拔 400~900m 的有流水的小山沟密林下。国内分布于华中及江苏、安徽、福建、广东、贵州、云南、陕西、甘肃。

单叉对囊蕨（峨眉介蕨）

Deparia unifurcata (Baker) M. Kato

　　植株高 60~90cm。叶近生；叶草质，卵状矩圆形，二回深羽裂或近二回羽状；叶脉在裂片上羽状，小脉单一或分叉。孢子囊群圆形，生于小脉中部，多少靠近叶边；囊群盖小，圆肾形。

　　产于大均。生于海拔 500~600m 的密林下沟边。国内分布于浙江、四川（峨眉山）、贵州、云南西北部和台湾。

中华双盖蕨（中华短肠蕨）

Diplazium chinense（Baker）C. Chr.

叶近生，草质，无毛；叶三角形，顶部长渐尖并羽裂，三回羽状；基部羽片最大；小羽片近平展，下部羽状，向上深羽裂几达小羽轴；末回小羽片矩圆形至狭披针形圆钝头，边缘缺刻状或浅裂，有分叉的侧脉6~7对。孢子囊群条形，单生于分叉侧脉的上侧一脉；囊群盖同形，宿存。

全县均产。生于海拔200~700m的林缘、路边、屋后，甚至小区绿化池中。国内分布于浙江、江苏、江西、四川、贵州、广西。

边生双盖蕨（边生短肠蕨）

Diplazium conterminum（Christ）Ching

中大型蕨类。叶簇生或近生；叶三角形，二回羽状；侧生羽片 8~10 对；侧生小羽片约 13 对；裂片约 15 对，矩圆形，圆钝头，边缘有浅钝齿或近全缘；叶脉羽状。孢子囊群椭圆形，多数生于小脉中部以上，较近边缘；囊群盖薄，腊肠形，成熟时沿背部破裂。

产于红星、鹤溪、大均、标溪。生于海拔 300~700m 的山谷密林或林缘溪边。国内分布于浙江、江西、福建、湖南、广东、广西、四川、贵州、云南。

毛柄双盖蕨(毛柄短肠蕨)

Diplazium dilatatum Blume

　　植株高达3m。叶簇生,纸质,无毛;叶三角形,顶渐尖并羽裂,二回羽状;羽片斜上,基部1对最大;小羽片披针形,渐尖头,基部近截形,边缘具圆齿或羽裂;裂片略有细锯齿;每一裂片有小脉4~5对,单一。孢子囊群条形,生于小脉中部以下,在基部上侧小脉上的双生,其余单一;囊群盖同形,宿存。

　　产于红星、鹤溪、梅岐。生于海拔250~600m的溪边林下潮湿处及毛竹林下。国内分布于浙江、台湾、广东、广西、贵州。

　　本种在县城周边毛竹林里偶见,在较原始的阔叶林小山沟里呈小片分布,有时与福建观音座莲混生。

食用双盖蕨（菜蕨）

Diplazium esculentum（Retz.）Sw.

　　植株高50~150cm。叶簇生，厚草质；叶矩圆形，二回（少有一回）羽状；羽片开展，有柄；小羽片披针形，渐尖头，基部近截形，两侧稍呈耳状，边缘有齿或浅裂；裂片有小锯齿；叶脉在裂片上为羽状，下部2~3对联结。孢子囊群条形，生于小脉上，伸达叶边；囊群盖同形，膜质，全缘。

　　产于红星、鹤溪、大均。生于海拔200~400mm的山谷林下湿地或溪边沙地。国内分布于浙江、福建、台湾、广东、广西、云南、贵州、江西、安徽。

薄盖双盖蕨（薄盖短肠蕨）

Diplazium hachijoense Nakai

　　植株高50~80cm。叶通常近生；叶三角形或卵状三角形，二回羽状；侧生羽片约10对；侧生小羽片约10对；小羽片的裂片可达10对以上；叶脉羽状，下面明显，在小羽片的裂片上小脉达7~8对。孢子囊群长圆形，生于小脉上侧，在基部上侧1条小脉上的常为双生；囊群盖膜质。

　　全县均产。生于海拔300~800m的林下。国内分布于安徽、江西、福建、湖南、广东、广西、四川、贵州。

　　短肠蕨属在景宁有十多种，本种是最常见的类群，常出现在林缘、废弃民居和农用地附近，有时也在人工杉木下成片生长。

江南双盖蕨（江南短肠蕨）

Diplazium mettenianum （Miq.）C. Chr.

　　叶远生;叶三角状阔披针形,顶部渐尖并羽裂,一回羽状;羽片镰刀状披针形,基部稍狭,近截形,边缘波状至羽裂;裂片有浅钝齿;每一裂片有小脉5~7对。孢子囊群条形,生于小脉中部,在基部上侧小脉上的通常双生,其余单一;囊群盖同形,薄膜质,宿存。

　　全县均产。呈片状生于海拔400~700m山谷常绿阔叶林下。国内分布于浙江、福建、台湾、广东、广西、贵州、四川、江西、湖南。

薄叶双盖蕨（薄叶短肠蕨）

Diplazium pinfaense Ching

　　叶簇生；奇数一回羽状复叶；侧生羽片2~4对，长渐尖，两侧自基部向上通体有较尖的锯齿或重锯齿，有时略呈浅羽裂；中脉下面圆而隆起，侧生小脉两面均明显，每组小脉可达6条，纤细，直达锯齿先端。孢子囊群与囊群盖长条形，通常生于每组叶脉基部上出1脉，大多单生，少数双生，下出小脉有时能育，但孢子囊群远较短。

　　产于红星、东坑、英川。生于海拔400~700m的山谷溪沟边常绿阔叶林或悬崖下。国内分布于浙江、江西、福建、湖北、湖南、广东、广西、四川、贵州、云南。

　　本种野外少见到，目前只发现红星王金垟、东坑章坑和英川漈下少数几个分布点。

鳞柄双盖蕨（鳞柄短肠蕨）

Diplazium squamigerum（Mett.）C. Hope

　　中型夏绿蕨类。叶远生至簇生；叶阔卵状三角形，羽裂渐尖的顶部以下常二回羽状；羽片5~10对，基部1对最大；小羽片5~10对，长卵状，羽状浅裂或不分裂；裂片矩圆形，5~6对。孢子囊群条形，略弯曲，多生于小脉上侧中部，在基部上出1枚通常双生；囊群盖宿存。

　　产于大漈、大仰湖自然保护区。生于海拔800~1100m山地阔叶林下。国内分布于华东、华中、西南及山西、台湾、广西、陕西、甘肃。

耳羽双盖蕨（耳羽短肠蕨）

Diplazium wichurae（Mett.）Diels

　　叶远生；叶阔披针形，一回羽状；羽片达18对，边缘有重锯齿或单锯齿，镰刀状披针形，两侧不对称，下侧楔形，上侧有三角形的耳状凸起，除近顶部少数羽片外，羽柄均无狭翅；叶脉羽状，下面隆起，上面凹入，每组侧脉有不分叉的小脉3~5条，上先出，极斜向上。孢子囊群粗条形，各成1行排列于中脉两侧；囊群盖浅褐色，膜质。

　　产于大部分乡镇。生于海拔300~500m的山地林下溪边岩石旁或悬崖下。国内分布于华东及湖南、台湾、广东、广西、四川、贵州。

假耳羽双盖蕨（假耳羽短肠蕨）

Diplazium okudairai Makino

根状茎长而横走，先端密被鳞片；鳞片褐色，膜质，全缘，阔披针形。叶远生；叶柄疏生鳞片，基部深褐色，上部绿禾秆色，上面有浅纵沟；叶矩圆状阔披针形至长卵形，一回羽状；侧生羽片达12对，近平展，镰刀状披针形，两侧有三角形浅裂片；裂片三角形，边缘有浅锯齿，下部几对有短羽柄，多有狭翅；叶轴绿禾秆色，偶见黑褐色、披针形小鳞片，上面有浅纵沟。孢子囊群粗条形，成1行排列于中肋两侧，每一裂片有1枚，在耳片上有2~4对；囊群盖粗条形，膜质。孢子豆形。

仅见于大均。生于海拔约550m的小山沟边岩石下。国内分布于浙江、江西、湖北、湖南、台湾、四川、贵州和云南。

本种近似耳羽短肠蕨，两者的区别在于：本种耳片上有2~4对孢子囊群。

球子蕨科 Onocleaceae

形态特征 叶簇生或疏生,二型;营养叶一回羽状至二回深羽裂,叶脉羽状;孢子叶一回羽状,羽片强烈反卷成荚果状,深紫色或黑褐色,呈圆柱状或圆球形。孢子囊群圆形,着生于囊托上。

生长习性 土生。

地理分布 分布于北半球温带。

中国有2属4种,浙江有1属1种,景宁有1属1种。

东方荚果蕨

Pentarhizidium orientale（Hook.）Hayata

　　植株高大。叶簇生，二型。营养叶叶柄禾秆色；叶长圆形，先端渐尖并深羽裂，基部不变狭，二回羽状半裂；羽片9~18对，互生，条状披针形；叶脉羽状，侧脉单一，伸达叶边；叶纸质。孢子叶与营养叶等长或略短，长圆形，一回羽状；羽片两边向背面强烈反卷并包住囊群而成荚果状，深紫色，有光泽。

　　产于大漈、景南、东坑、草鱼塘分场、望东垟自然保护区。生于海拔700~1200m林下。国内分布于浙江、广西、福建、江西、安徽、湖南、湖北、陕西、云南、四川。

乌毛蕨科 Blechnaceae

形态特征 叶一型或二型；叶一至二回羽裂；幼叶泛红；中脉分离或网状。孢子囊群线形，着生于与中脉平行的小脉上，或网眼外侧的小脉上，靠近中脉；囊群盖同形，开口朝向中脉，很少无盖。

生长习性 土生，少数种类具直立茎。

地理分布 世界分布，主产于南半球热带地区。

中国有8属14种，浙江3属5种，景宁有2属3种。本书介绍2属3种。

分属检索表

1.叶为一回羽状至二回羽状深裂,中脉两侧各具数枚线形孢子囊群 ⋯⋯⋯ 狗脊蕨属

1.叶为一回羽状,羽轴两侧各具1条线形孢子囊群 ⋯⋯⋯⋯⋯⋯⋯⋯ 乌毛蕨属

乌毛蕨

Blechnum orientale L.

　　植株高 60~150cm。叶簇生；叶柄棕禾秆色，坚硬，基部密被鳞片，上面有纵沟，沟两侧疏生瘤状气囊体；叶长阔披针形，一回羽状；羽片 18~50 对，互生，斜向上，无柄，条形，先端长渐尖，基部圆形或楔形，全缘或呈微波状；叶脉羽状，分离，侧脉二叉或单一，近平行；叶薄革质，两面无毛。孢子囊群条形，着生于中脉两侧，连续而不中断；囊群盖条形，开向中脉。

　　产于红星、鹤溪、大均、东坑。生于海拔 200~600m 的马尾松林下。国内分布于浙江、福建、江西、台湾、广东、广西、贵州、云南、四川。

狗 脊

Woodwardia japonica（L. f.）Smith

　　植株高60~100cm。叶簇生。叶革质,长卵形,先端渐尖,二回羽裂;叶脉连合成网状,沿羽轴及主脉两侧具2~3行网眼,远离的小脉分离,单一或分叉。孢子囊群条形,先端直指向前,着生于狭长的网眼上,不连续;囊群盖条形,棕褐色。

　　全县均产。生于海拔约1600m的林下、灌丛、山坡、路旁。国内分布于长江以南各地和台湾。酸性土壤指示植物。

胎生狗脊（珠芽狗脊）

Woodwardia prolifera Hook. & Arnott

中大型蕨类。叶近簇生；叶卵状长圆形，先端渐尖并深羽裂，基部不狭缩，二回深羽裂；叶脉不明显，沿中脉两侧各有1~2行长圆形网眼，网眼外的小脉分离；叶厚纸质，两面无毛；裂片的主脉两侧网眼的交叉点上常密生许多小芽胞，芽胞萌发后脱离母体后能长成新植株。孢子囊群近新月形。

全县均产。生于海拔200~1000m的疏林、毛竹林下溪沟、路边及林缘。国内分布于浙江、福建、江西、台湾、广东、广西。

鳞毛蕨科 Dryopteridaceae

形态特征　根状茎粗短，直立或斜生，罕有横走，被鳞片，鳞片大。叶一型，簇生，间有近生；叶柄基部不具关节，常密被鳞片；叶多为羽状复叶；叶表的中轴与羽轴有沟相通；叶背多鳞片。孢子囊群多为圆形，大多具囊群盖。

生长习性　土生，在高海拔及温带地区呈群落状生长。

地理分布　广布于世界温带至亚热带高山。按新的分类系统，鳞毛蕨科包含实蕨属、肋毛蕨属、舌蕨属和网藤蕨属。而新包含的这些属为泛热带植物。

中国有10属496种，浙江有7属93种，景宁有7属66种。本书介绍7属36种。

分属检索表

1.叶二型；孢子囊洒满孢子叶下面。

　　2.叶一回羽状；叶脉网状，稀分离 ·· 实蕨属

　　2.单叶；叶脉分离 ·· 舌蕨属

1.叶一型；孢子囊聚成圆形孢子囊群。

　　3.羽轴、小羽轴上面隆起 ·· 肋毛蕨属

　　3.羽轴、小羽轴上面有浅沟。

　　　　4.茎横走；叶远生 ·· 复叶耳蕨属

　　　　4.茎直立；叶丛生。

　　　　　　5.囊群盖圆肾形 ·· 鳞毛蕨属

　　　　　　5.囊群盖圆形。

　　　　　　　　6.叶脉网状；羽轴两侧有多排孢子囊群 ·················· 贯众属

　　　　　　　　6.叶脉分离，稀网状；孢子囊群常单排于近叶缘处着生 ·········· 耳蕨属

斜方复叶耳蕨

Arachniodes amabilis（Blume）Tindale

植株高 50~80cm。叶远
生；叶卵状长圆形或卵状三
角形，先端尾状，三回羽状至
四回羽裂；侧生羽片 5~7 对，
基部 1 对最大，三角状披针
形，其基部下侧 1 片小羽片
特长，第 2、3 对羽片基部的
小羽片不特别伸长；小羽片
菱形或斜方形；叶脉羽状，侧
脉除基部上侧为羽状外，其
余的均为二至三叉。孢子囊
群着生于小脉顶端，靠近叶
边；囊群盖圆肾形。

全县均产。生于海拔
300~1000m 林下。国内分布
于长江以南各地。

美丽复叶耳蕨
Arachniodes amoena（Ching）Ching

植株高达90cm。叶柄苍绿色；叶阔卵状五角形，顶部尾状，三回或基部四回羽裂；侧生羽片3~6对，有柄，基部1对最大，近三角形，基部一回小羽片伸长，下侧1片尤长，顶生羽片与侧生羽片同形且近等大；叶脉羽状，分离，侧脉二至三叉；叶纸质，淡绿色。孢子囊群圆形，通常着生于小脉顶端，较靠近小羽片上侧；囊群盖圆肾形。

产于大部分乡镇。生于海拔500~1000m林下、林缘、沟谷。国内分布于浙江、江西、福建、湖南、广东、广西、贵州、云南。

中华复叶耳蕨

Arachniodes chinensis（Rosenst.）Ching

植株高 50~70cm。叶柄绿色；叶卵状三角形，先端突然狭缩成三角形渐尖头，二回羽状或基部三回羽裂；叶薄革质。孢子囊群圆形，着生于小脉顶端，中生；囊群盖圆肾形，革质，早落。

全县均产。生于海拔 300~900m 常绿阔叶林下、林缘。国内分布于长江以南各地。

长尾复叶耳蕨

Arachniodes simplicior（Makino）Ohwi

植株高 60~90cm。叶柄深绿色；叶卵状长圆形或略呈五角状卵形，先端狭长且突缩成尾状，三回羽状；叶脉羽状；叶革质，深绿色，有光泽。孢子囊群圆形，着生于小脉近顶端，稍靠近叶边；囊群盖圆肾形。

全县均产。生于海拔300~1100m的林下、林缘。国内分布于华东、华中、西南及广东、广西、陕西、甘肃。

华南复叶耳蕨

Arachniodes festina（Hance）Ching

叶近生；叶卵状长圆形，顶部略狭缩成渐尖头，三至四回羽状细裂；羽片7~8对，互生，斜展，有柄，基部1对最大；叶脉羽状，侧脉二至三叉；叶草质，淡绿色。孢子囊群圆形，着生于小脉顶端，靠近叶边；囊群盖圆肾形。

产于鹤溪严村。生于海拔约700m的常绿阔叶林下、沟边。国内分布于浙江、江西、福建、河南、湖南、台湾、广东、广西、四川、贵州。

美观复叶耳蕨
Arachniodes speciosa（D. Don）Ching

植株高 60~100cm。叶长圆形，向顶部急狭缩而呈长尾状渐尖，三回羽状；侧生羽片 5~7 对，有柄，基部 1 对最大；叶脉羽状或分枝，上面不明显，下面清楚；叶薄革质，两面光滑。孢子囊群圆形，生于中脉与叶边之间；囊群盖暗棕色，坚厚。

产于九龙、郑坑、渤海、红星、鹤溪、大均、梅岐、东坑、景南、大漈、大地、沙湾、英川、毛垟。生于海拔 400~700m 常绿阔叶林山沟中。国内分布于华东、华南及湖北、湖南、四川、贵州、云南、甘肃。

二型肋毛蕨

Ctenitis dingnanensis Ching

植株高 40~60cm。叶柄鳞片呈棕色平展的条形钻状,叶轴与肋上被相似鳞片;叶三至四回羽裂,三角形;羽片 6~10 对,基部羽片最大;小羽片 8~12 对;基部羽片的下侧基部小羽片最长;叶脉分离,明显;叶草质。孢子囊群近中生,部分被鳞片覆盖;无囊群盖。

产于红星、鹤溪、大均。生于海拔 300~500m 的常绿阔叶林山谷陡坡上。国内分布于浙江、江西、湖南、广东。

厚叶肋毛蕨

Ctenitis sinii（Ching）Ohwi

　　植株高达1m以上。叶簇生；叶五角形，基部心形并三回羽裂，上部二回羽裂；羽片7~8对，基部羽片最大，近对生；叶脉不明显，羽状，侧脉6~7对，单一或二至四叉，裂片下部的小脉往往连接，沿羽轴有1列狭长的网眼；叶坚纸质至薄革质，两面均光滑；小羽轴和主脉上面有不互通的沟槽。孢子囊群圆形，生于小脉中部，在主脉两侧各有不整齐的2列；无囊群盖。

　　产于红星汇田、大均滴水岩和鹤溪分场驮吞头等处。生于海拔300~600m的阴湿常绿阔叶林和杉木林下。国内分布于浙江、江西、福建、湖南、广东、广西。

亮鳞肋毛蕨

Ctenitis subglandulosa（Hance）Ching

　　植株高 80~130cm。叶簇生；叶柄基部以上和叶轴密被贴生的鳞片，鳞片棕褐色，薄膜质，有红色光泽；叶卵状三角形，先端渐尖并羽裂，基部不狭缩，四回羽裂；羽片互生，卵状披针形，基部 1 对最大；叶脉羽状，侧脉单一，少有二叉，两面均稍隆起。孢子囊群小，圆形，着生于小脉近基部，位于中脉和叶边之间；囊群盖小，全缘，早落或宿存。

　　产于红星城北、王金垟一带。生于海拔 300~400m 小山沟密林下。国内分布于华南、西南及浙江、江西、福建、湖北、湖南。

贯 众

Cyrtomium fortunei J. Sm.

叶簇生;叶矩圆状披针形,奇数一回羽状;侧生羽片7~25对,互生,近平展,柄极短,披针形,或多少上弯成镰刀状,基部不对称,上侧近截形,有时略呈钝耳状凸起,下侧楔形,边缘全缘有时有前倾小齿;叶具网状脉,小脉连接成2~3行网眼;顶生羽片狭卵形,下部有时有1~2个浅裂片。孢子囊群遍布羽片下面;囊群盖圆盾形。

全县均产。生于海拔300~1000m的林缘、路边岩缝或墙缝。国内分布于华东、华中、华南、西南及河北、山西、陕西、甘肃。

暗鳞鳞毛蕨

Dryopteris atrata（Wall. ex Kunze）Ching

　　叶簇生；叶披针形或阔披针形，一回羽状；羽片约20对，互生，披针形；侧脉单一。孢子囊群圆形，着生于小脉中部，满布于中脉两侧；囊群盖小，圆肾形。

　　全县均产。生于海拔400~900m林下、沟边。国内分布于长江以南各地，东至台湾，西北至甘肃，西南达西藏。

阔鳞鳞毛蕨

Dryopteris championii (Benth.) C. Chr. ex Ching

植株高50~100cm。叶簇生；叶柄密被阔披针形、边缘有尖齿的鳞片；叶卵状披针形，二回羽状至三回羽裂；羽片10~15对，基部近对生，上部互生；小羽片10~13对，披针形；侧脉羽状，下面明显；叶纸质；叶轴密被阔披针形棕色鳞片，羽轴具较密泡状鳞片。孢子囊群大，在小羽片中脉或裂片两侧各1行，位于中脉与边缘之间；囊群盖圆肾形。

全县均产。生于海拔300~900m林下或林缘。国内分布于西南及浙江、山东、江苏、江西、福建、河南、湖北、湖南、台湾、广东、广西。

桫椤鳞毛蕨

Dryopteris cycadina (Franch. & Sav.) C. Chr.

叶簇生；叶柄深紫褐色，基部以上疏被黑褐色鳞片；叶披针形或椭圆状披针形；羽片约20对，互生，略斜展，镰刀状披针形；裂片近长方形，顶端圆截形，疏具细齿；叶脉羽状，侧脉单一。孢子囊群小，圆形，着生于小脉中部，散布在中脉两侧，通常无不育带；囊群盖圆肾形，全缘。

产于郑坑、梅岐、东坑、草鱼塘分场。生于海拔400~1200m的林下。国内分布于西南及浙江、江西、福建、湖北、湖南、台湾、广东、广西。

本种近似于暗鳞鳞毛蕨，两者的区别在于：本种基部羽片短缩并强烈反折；裂片一回羽状半裂至深裂。

迷人鳞毛蕨
Dryopteris decipiens（Hook.）Kuntze

植株高30~60cm。叶簇生；叶披针形，一回羽状，先端渐尖并羽裂；羽片10~15对，互生或对生，具短柄，基部通常心形，先端渐尖，边缘波状浅裂或具浅锯齿；侧脉羽状，小脉单一。孢子囊群圆形，在羽片中脉两侧通常各1行，少有不规则2行，靠近中脉；囊群盖圆肾形。

全县均产。生于海拔300~1100m的山坡林下或灌丛中。国内分布于浙江、安徽、江西、福建、湖北、湖南、台湾、广东、广西、四川、贵州。

深裂迷人鳞毛蕨

Dryopteris decipiens（Hook.）Kuntze var. *diplazioides*（Christ）Ching

本变种与原种的区别在于：本变种羽片羽状半裂至羽状深裂，少数达全裂而呈二回羽状复叶。

全县均产。生于海拔300~900m的林缘及山路边。国内分布于浙江、江苏、安徽、江西、福建、四川、贵州。

远轴鳞毛蕨

Dryopteris dickinsii（Franch. & Sav）C. Chr.

　　植株高 40~50cm。叶簇生；叶柄禾秆色或褐色；叶长圆状披针形一回羽状；羽片 12~20 对，披针形，边缘具粗钝齿或羽裂，下部数对羽片略短；叶脉羽状，侧脉每组 3~5 条，除基部上侧一条外，均达叶边。孢子囊群圆形，着生于小脉中部以上或近顶端，沿中脉两侧各排成不整齐的 2~3 行，中脉两侧有阔的不育带；囊群盖圆肾形，全缘。

　　产于草鱼塘森林公园。生于海拔约 1200m 柏木林下。国内分布于华中、西南及浙江、安徽、福建、台湾、广西。

黑足鳞毛蕨

Dryopteris fuscipes C. Chr.

植株高50~100cm。叶簇生；叶柄最基部为黑色；二回羽状，羽片10~15对。孢子囊群大，在小羽片中脉两侧各1行，靠近中脉；囊群盖圆肾形，全缘。

全县均产。生于海拔300~1100m山坡林下、灌丛中。国内分布于华东、华南、西南及湖北、湖南。

裸果鳞毛蕨

Dryopteris gymnosora（Makino）C. Chr.

植株高50~70cm。叶簇生；叶柄深禾秆色，近光滑；叶卵状披针形，二回羽状，基部下侧小羽片羽状深裂；羽片10~13对，以直角从叶轴水平开展，对生或近对生，基部通常覆盖叶轴；小羽片约10对；侧脉羽状，下面明显，小脉单一；叶纸质。孢子囊群着生于小脉中部；无囊群盖。

产于大部分乡镇。生于海拔400~800m常绿阔叶林下。国内分布于浙江、安徽、江西、福建、湖北、湖南、广东、广西、四川、贵州、云南。

京畿鳞毛蕨

Dryopteris kinkiensis Koidz. ex Tagawa

叶簇生；叶卵状披针形，二回羽状三回浅羽裂，基部羽片与中部羽片几等长；侧脉羽状；叶纸质；叶轴和羽轴基部具较密淡棕色披针形鳞片，羽轴中上部具稀疏泡状鳞片。孢子囊群大，在小羽片中脉两侧各1行，位于中脉与叶缘之间；囊群盖圆肾形，全缘。

产于大部分乡镇。生于海拔250~600m林下。国内分布于浙江、江西、福建、湖南、广东、四川、贵州。

狭顶鳞毛蕨

Dryopteris lacera (Thunb.) Kuntze

叶簇生；叶柄连同叶轴密被褐色至赤褐色鳞片；叶椭圆形至长圆形，二回羽状深裂至全裂；羽片约10对，下部羽片不短缩，上部4~5对羽片能育，常骤然狭缩，孢子散发后即枯萎。孢子囊群圆形，生于上部羽片；囊群盖圆肾形，全缘。

产于大均、沙湾、毛垟、英川。生于海拔400~1100m的山沟密林下。国内分布于浙江、黑龙江、辽宁、山东、江苏、江西、湖北、湖南、台湾、四川、贵州、宁夏。

同形鳞毛蕨

Dryopteris uniformis（Makino）Makino

叶簇生；叶柄密被近黑色或深褐色鳞片；叶卵圆状披针形，先端羽裂渐尖，基部不狭缩，近截形，二回羽状深裂至全裂；羽片较狭长，约17对，下部若干羽片不育；小羽片或裂片约15对。孢子囊群生于叶上半部，每一裂片具3~6对；囊群盖大，膜质，早落。

产于大部分乡镇。生于海拔400~1000m常绿阔叶林下。国内分布于华东及湖南、广东、甘肃。

无盖鳞毛蕨

Dryopteris scottii (Bedd.) Ching ex C. Chr.

叶簇生;叶长圆形或三角状卵形,一回羽状;羽片10~16对,长圆状披针形;叶脉羽状,侧脉每组3~7条。孢子囊群圆形,生于小脉中部稍下处,在羽轴两侧各排成不整齐的2~3(4)行;无囊群盖。

产于红星、鹤溪、大均、澄照、梅岐、东坑和景南等地。生于海拔400~700m的林下。国内分布于华东、华南、西南及湖南。

奇羽鳞毛蕨

Dryopteris sieboldii（Van Houtte ex Mett.）Kuntze

叶簇生；叶柄长深禾秆色，中部以上近光滑；叶明显二型，营养叶远较孢子叶宽大，奇数一回羽状；侧生羽片 1~3 对（有时较多），顶生羽片和其下的同形，稍大，具长柄，或有时和其下 1 枚羽片合生，羽片全缘或有缺刻状浅锯齿；叶脉羽状，侧脉每组 4~6 条，除基部上侧 1 条较短外，其余均达叶边；叶厚革质。孢子囊群圆形，生于小脉中部稍下处，沿羽轴两侧各排成不整齐的 3~4 行，近叶边处不育；囊群盖圆肾形，全缘。

全县均产。生于海拔 300~800m 阔叶林下。国内分布于浙江、安徽、江西、福建、湖北、湖南、广东、广西、贵州。

稀羽鳞毛蕨

Dryopteris sparsa（D. Don）Kuntze

叶簇生；叶卵状长圆形，先端羽裂长渐尖，基部不狭缩，二回羽状至三回羽裂；羽片7~9对；小羽片13~15对，互生，披针形或卵状披针形，基部阔楔形，通常不对称，先端钝圆并具尖齿，边缘具疏细齿；叶近草质，两面光滑。孢子囊群圆形，着生于小脉中部；囊群盖圆肾形。

全县均产。生于海拔300~900m的林下或路边。国内分布于华东、华南、西南等地。

东京鳞毛蕨

Dryopteris tokyoensis（Matsum. ex Makino）C. Chr.

叶簇生；叶柄密被阔披针形鳞片，中部以上渐疏；叶长圆状披针形，先端羽裂渐尖，基部渐狭缩，二回羽状深裂；羽片30~40对，互生，斜向上；叶脉羽状，侧脉二叉，伸达叶边；叶纸质，两面无毛；叶上部能育，下部不育。孢子囊群大，圆形，着生于小脉中部，通常沿羽轴两侧各排成1行（偶在羽片下部有2行），靠近中脉；囊群盖圆肾形，全缘，宿存。

产于英川、毛垟、草鱼塘森林公园。生于海拔500~1300m中山沼泽中、沟边、荒芜的农田里。国内分布于浙江、江西、福建、湖北、湖南。

观光鳞毛蕨
Dryopteris tsoongii Ching

叶簇生;叶卵状披针形,二回羽状至三回羽裂;羽片15~18对,互生,披针形,有柄;小羽片10~15对,披针形;叶轴被与叶柄中上部同形、同色但较小的鳞片,羽轴具阔披针形和狭披针形2种鳞片。孢子囊群小,在小羽片或裂片中脉两侧各1行,靠近边缘;囊群盖小,圆肾形,易脱落。

产于大部分乡镇。生于海拔400~700m林下山沟边。国内分布于华东及湖北、湖南、广东。

变异鳞毛蕨

Dryopteris varia（L.）Kuntze

　　植株高 50~80cm。叶簇生；叶五角状卵形，三回羽状至四回羽裂，基部下侧小羽片向后伸长，呈燕尾状；叶脉下面明显，羽状，小脉分叉或单一；叶薄革质。孢子囊群较大，靠近小羽片或裂片边缘着生；囊群盖圆肾形，棕色，全缘。

　　全县均产。生于海拔 200~600m 林下、灌丛中及路旁。国内分布于华东、华中、华南、西南及陕西。

黄山鳞毛蕨

Dryopteris whangshangensis Ching

　　根状茎直立,密被深棕色鳞片。叶簇生;叶柄被深棕色鳞片;叶披针形,先端渐尖,向基部渐狭缩,上部能育,下部不育,二回羽状深裂;羽片20~22对,基部3~4对羽片渐短缩,羽状深裂;裂片约16对,具3~4个粗锯齿,边缘浅缺刻,常反折;叶脉羽状,不分叉。孢子囊群生于叶上部的裂片顶端,边生,每一裂片具5~6对,成熟时常超出裂片边缘;囊群盖小,圆肾形,淡褐色,全缘。

　　产于鹤溪敕木山。生于海拔1300m的常绿阔叶林下。国内分布于浙江、安徽、江西、福建、湖北、台湾。

华南舌蕨

Elaphoglossum yoshinagae（Yatabe）Makino

　　叶近生,二型;营养叶有短柄,孢子叶的叶柄远较长;叶披针形,先端渐尖,基部狭楔形,并向叶柄下延,全缘;中脉明显,侧脉多数,细密,略可见,一至二回分叉,不达叶边;叶革质,肥厚。孢子囊群沿侧脉着生,成熟时布满于孢子叶下面。孢子叶生存时间短暂,只在春夏之交可看到,野外平时只见厚厚的营养叶。

　　产于大部分乡镇。生于海拔250~800m的常绿阔叶林山沟岩壁上。国内分布于华南及浙江、江西、福建、湖南、贵州。

巴郎耳蕨（镰羽贯众）

Polystichum balansae Christ

叶簇生；叶披针形或宽披针形，先端渐尖，基部略狭，一回羽状；羽片12~18对，互生，略斜向上，柄极短，镰刀状披针形，先端渐尖或近尾状，基部偏斜上侧截形并有尖的耳状凸，下侧楔形，边缘有前倾的钝齿或罕为尖齿；具羽状脉，小脉联结成2行网眼；叶为纸质，腹面光滑，背面疏生披针形棕色小鳞片或秃净；叶轴腹面有浅纵沟，疏生披针形及线形卷曲的棕色鳞片，羽柄着生处常有鳞片。孢子囊于中脉两侧各成2行；囊群盖圆形，盾状，全缘。

全县均产。生于海拔300~800m溪沟边或林下。国内分布于华东、华南及湖南、贵州。

本种近似于贯众，两者的主要区别在于：本种叶尾端呈镰羽状。

小戟叶耳蕨

Polystichum hancockii（Hance）Diels

　　叶簇生；叶戟状披针形，具3枚条状披针形羽片；侧生1对羽片短小，先端短渐尖，基部有短柄，羽状，小羽片5~6对；中央羽片远较大，先端长渐尖，基部有长柄，一回羽状，小羽片20~25对；叶脉在裂片上羽状，小脉单一，罕二分叉。孢子囊群圆形，生于小脉顶端；囊群盖圆盾形，边缘略呈啮蚀状，早落。

　　产于东坑、景南、大仰湖自然保护区。生于中南部较高海拔山地阔叶林山沟边。国内分布于浙江、安徽、江西、福建、河南、湖南、台湾、广东、广西。

鞭叶蕨

Polystichum lepidocaulon（Hook.）J. Sm.

叶簇生；一回羽状；羽片14~26对，下部的对生，上部的互生，平展或略斜向下；叶轴先端延伸成鞭状，顶端有芽胞能萌发新植株。孢子囊群通常于羽片上侧边缘成1行，有时下侧也有；囊群盖大，圆盾形，全缘。

产于大部分乡镇。生于海拔500~800m的林下阴湿岩石上。国内分布于东北、华北、西南及浙江、陕西、宁夏、甘肃。

假黑鳞耳蕨

Polystichum pseudomakinoi Tagawa

叶簇生；叶柄上面有纵沟，密被条形、披针形和较大鳞片；鳞片卵形或卵状披针形，二色，中间黑色，边缘棕色，有光泽，先端尾状，近全缘；叶三角状卵形或三角状披针形，二回羽状；小羽片互生，具羽状脉，侧脉二歧分叉。孢子囊群每一小羽片具1~9枚，主脉两侧各有1行或仅上侧有1行，生于小脉末端，靠近小羽片边缘；囊群盖圆形，盾状，全缘。

产于大部乡镇。生于海拔600m以上天然林下。国内分布于华东及河南、湖南、广东、广西、四川、贵州。

戟叶耳蕨

Polystichum tripteron（Kunze）C. Presl

　　叶簇生；叶戟状披针形，基部具3枚椭圆状披针形羽片；侧生1对羽片较短小，中央羽片远较大。孢子囊群圆形，生于小脉顶端；囊群盖圆盾形，边缘略呈啮蚀状，早落。

　　产于大部分乡镇。生于林下石砾堆中或岩石边。国内分布于东北、华东、华中及浙江、河北、广东、广西、四川、贵州、陕西、甘肃。

对马耳蕨

Polystichum tsus-simense （Hook.） J. Sm.

叶簇生；叶宽披针形或狭卵形，二回羽状；羽片20~26对，互生；小羽片7~13对，互生，彼此密接，上侧三角形耳状凸起，边缘具小尖刺，基部上侧第1片增大；小羽片具羽状脉，侧脉常二叉；叶薄革质。孢子囊群位于小羽片主脉两侧，每一小羽片具3~9枚；囊群盖圆形，盾状，全缘。

全县均产。生于海拔400~1300m阔叶林下。国内分布于华东、华中、华南、西南及吉林、陕西、甘肃。

对生耳蕨

Polystichum deltodon（Baker）Diels

　　叶簇生；叶柄禾秆色，上面有沟槽；叶一回羽状；羽片18~40对，通常互生，少有近对生，彼此接近，叶脉上面不明显，下面略可见，羽状。孢子囊群小，生于小脉顶端，接近羽片边缘，通常多在主脉上侧自顶部至基部排成1行。

　　产于大均大北坑。生于海拔450m常绿阔叶林悬崖上。国内分布于浙江、安徽、台湾、湖北、湖南、四川、贵州、云南。

肾蕨科 Nephrolepidaceae

形态特征 中型草本。根状茎长而横走，或短而直立，生有小块茎。叶为一回羽状；羽片与叶轴间具关节；叶脉分离，侧脉羽状。孢子囊群位于上侧一小脉顶端；囊群盖肾形或圆肾形。

生长习性 有土生或附生习性，因同时具有直立茎和匍匐茎，常成片而又丛生。

地理分布 分布于热带至亚热带地区，景宁偶见于低海拔林下地带。现作观叶植物广泛栽培。

中国有1属5种，浙江有1属1种，景宁有1属1种。

肾 蕨

Nephrolepis cordifolia（L.）C. Presl

　　根状茎有直立主轴,并有向四面横走的粗铁丝状的长匍匐茎,从其上短枝长出椭圆形块茎。叶簇生;叶狭披针形,一回羽状;羽片无柄,以关节着生于叶轴上,常呈覆瓦状密集排列,边缘有疏浅的钝锯齿;侧脉纤细,小脉伸达近叶缘处,顶端有1个纺锤形的水囊体。孢子囊群着生于每组侧脉的上侧小脉顶端,沿中脉两侧各排成1行;囊群盖肾形。

　　产于鹤溪城西。生于海拔400m林缘公路边坡。国内分布于长江以南各地。

　　在景宁已应用于园林绿化。

骨碎补科 Davalliaceae

形态特征 中型草本。根状茎横走,粗肥,密布鳞片。叶远生,叶柄基部具关节,通常为多回羽状复叶,叶脉分离。孢子囊群叶缘内生或叶背生,着生于小脉顶端;囊群盖呈杯状、管状或半圆状。

生长习性 附生,少有土生。

地理分布 主要分布于亚洲热带及亚热带地区。

中国有4属17种,浙江有3属4种,景宁有2属3种。本书介绍2属3种。

分属检索表

1.叶草质,植株高30cm以下,囊群盖近圆形 ·· 阴石蕨属

1.叶草质,植株高40cm以上,囊群盖半圆形 ·· 小膜盖蕨属

鳞轴小膜盖蕨

Araiostegia perdurans（Christ）Copel.

　　植株高 50~70cm。根状茎粗壮，长而横走。叶疏生；叶柄棕褐色；叶卵形，下部五回细裂，先端渐尖并细羽裂；羽片 12~15 对，下部数对近对生，其余的互生；叶脉分叉，不明显，各裂片有小脉 1 条。孢子囊群半圆形，位于裂片的缺刻之下；囊群盖半圆形，膜质，全缘。

　　产于鹤溪严村。生于海拔 700m 的常绿阔叶林山沟崖壁上。国内分布于西南及浙江、江西、福建、湖南、台湾、广西。

阴石蕨

Humata repens （L. f.） Small ex Diels

　　植株高约10cm。根状茎长而横走。叶远生；叶柄深禾秆色，以关节着生于根状茎上；叶卵状三角形，先端渐尖，二回（偶三回）羽裂；羽片6~8对，无柄，基部下延于叶轴两侧，形成狭翅，基部1对最大；叶脉羽状，上面不明显，下面粗而明显。孢子囊群近叶缘着生，位于分叉小脉顶端；囊群盖半圆状阔肾形。

　　产于郑坑、梅岐。生于海拔400m峡谷崖壁上。国内分布于华南、西南及浙江、江西、福建、湖南。

杯盖阴石蕨（圆盖阴石蕨）

Humata griffithiana （Hook.） C. Chr.

叶远生；叶柄长1.5~12cm，淡红褐色；叶阔卵状五角形，长与宽几相等，三至四回羽状深裂；叶脉羽状，上面隆起，下面不明显，侧脉单一或分叉。孢子囊群着生于上侧小脉顶端；囊群盖宽杯形，高稍大于宽，两侧边大部着叶面，棕色，有光泽。

全县均产。生于低海拔林缘石壁或大树干上。国内分布于华东、华南和西南。

水龙骨科 Polypodiaceae

形态特征　中小型草本。根状茎匍匐状,长而横走,有时呈蔓生状;茎与叶交接处多有关节。叶多为单叶,至多为一回羽状深裂或复叶;叶脉网状,网眼内多具游离小脉。孢子囊群圆形或线形,少数布满孢子叶下面;无囊群盖。

生长习性　通常附生,少有土生。

地理分布　主要分布在热带、亚热带地区。

中国有 39 属 267 种,浙江有 14 属 53 种,景宁有 13 属 37 种。本书介绍 12 属 33 种。

分属检索表

1.叶柄基部不以关节着生于根状茎上。
　　2.叶通常为线形或披针形,单叶或羽状深裂。
　　　　4.孢子囊群粗线形,位于主脉两侧,与主脉斜交,横跨小脉 ……………………… 剑蕨属
　　　　4.孢子囊群线形,着生于网脉上,在侧脉之间排成 1 条而与侧脉平行 ……… 薄唇蕨属
　　2.叶线状披针形;孢子囊群球形或近球形,生于小脉顶端,在叶轴或主脉两侧排成 1 行。
　　　　5.叶为单叶,全体被开展的红棕色长毛……………………………………………… 滨禾蕨属
　　　　5.叶为一回羽状深裂,叶两面与叶柄被红棕色长刚毛,或仅中肋下面疏被半透明的叉状毛
　　　　……………………………………………………………………………………………… 锯蕨属
1.叶柄基部以关节着生于根状茎上。
　　3.叶脉分离,或仅沿羽轴两侧各有 1 行整齐网眼,网眼内藏小脉单一,不分叉;孢子囊群着生于内藏小脉顶端 ……………………………………………………………………… 棱脉蕨属
　　　　5.叶脉在叶轴或羽轴与叶边之间联结成多行网眼,网眼内小脉通常分叉。
　　　　　　6.孢子囊群幼时通常有盾形鳞片状隔丝覆盖,成熟后渐脱落。

7.叶二型或近二型,肉质;根状茎细长,淡绿色,鳞片少 ·················· 伏石蕨属

7.叶一型,不为肉质;根状茎粗短,不为淡绿色,密被鳞片。

   9.叶披针形至线形,侧脉不明显,沿主脉两侧各有1行孢子囊群··········· 瓦韦属

   9.叶长卵形至卵状长圆形,侧脉明显,孢子囊群在主脉两侧通常有2行至多行,或呈星散分布。

      11.叶长卵形至卵状长圆形,孢子囊在叶背主脉两侧通常有2行至多行··· 盾蕨属

      11.叶长披针形或戟形,孢子囊群在叶背呈星散分布 ·············· 鳞果星蕨属

6.孢子囊群裸露,不具鳞片状隔丝覆盖。

  8.叶二型,具槲叶状黄色干膜质营养叶 ····························· 槲蕨属

  8.叶一型。

    10.叶下面密被星芒状毛 ····································· 石韦属

    10.叶下面无毛或很少被毛。

      12.叶为奇数一回羽状,边缘有半透明的软骨质阔边 ··········· 节肢蕨属

      12.叶为单叶或羽状分裂,少一回羽状,边缘有加厚的不透明软骨质 ··· 修蕨属

龙头节肢蕨

Arthromeris lungtauensis Ching

根状茎粉绿色，长而横走。叶远生；叶柄褐棕色，光滑无毛；叶一回羽状，长圆形至三角状披针形；羽片3~8对，对生，平展，披针形，先端长尾状渐尖，基部多少呈心形，下侧耳片常抱盖叶轴，全缘，顶生羽片与侧生羽片同形；侧脉两面明显，小脉网状，内藏小脉具分叉；叶薄纸质，两面被柔毛。孢子囊群小，圆形，在中脉两侧各排成3~5行。

产于景南。生于阔叶林山沟边岩背上。国内分布于浙江、江西、福建、湖北、湖南、广东、广西、四川、贵州、云南。

槲蕨

Drynaria roosii Nakaike

植株高25~40cm,附生,匍匐生长。根状茎肉质,粗壮,横走,密被鳞片;鳞片金黄色,纤细,钻状披针形,有缘毛。叶二型;营养叶特化成槲叶状,矮小,无柄,黄绿色,后变枯黄色;正常叶高大,绿色,叶柄两侧有狭翅,基部狭缩成波状,羽状深裂;叶脉网状。孢子囊群圆形,生于内藏小脉的联结点上,沿中脉两侧各排成2~3行。

全县均产。附生于低山、丘陵岩石上或树干上。国内分布于华东、华南、西南及湖北、湖南、青海。

槲蕨是景宁很常见的蕨类,在城区的行道树上,尤其是樟树、枫杨树干上尤其茂盛。

抱石莲

Lemmaphyllum drymoglossoides（Baker）Ching

　　根状茎细长而横走。叶远生,二型,近无柄;营养叶圆形、长圆形或倒卵状圆形,全缘;孢子叶倒披针形或舌形,先端钝圆,基部狭缩,或有时与营养叶同形;叶脉不明显;叶肉质。孢子囊群圆形,沿中脉两侧各排成1行,位于中脉与叶边之间。

　　全县均产。生于山谷或溪边阴湿树干、岩石上。国内分布于长江流域及福建、广东、广西、贵州、陕西、甘肃。

骨牌蕨

Lemmaphyllum rostratum（Bedd.）Tagawa

　　根状茎细长。叶远生,近一型;叶卵状披针形或卵圆形,中部以下最宽,先端锐尖,基部楔形,下延;叶脉网状,内藏小脉单一,两面隆起;叶近肉质。孢子囊群圆形,生于叶中部以上,靠近中脉。

　　全县均产。生于林下岩石上或树干上。国内分布于华南、西南及浙江、湖北、湖南、甘肃。

表面星蕨

Lepidomicrosoirum superficiale（Blume）Li Wang

攀援植物。根状茎略扁平。叶远生；叶柄基部有关节与根状茎相连；叶椭圆状披针形至狭长披针形，先端渐尖，基部急狭缩而下延成翅，全缘或略呈波状；中脉两面隆起，侧脉不明显，小脉网状，网眼内有分叉的内藏小脉。孢子囊群圆形，小而密，散生于中脉与叶边之间，呈不整齐的多行。

产于大部分乡镇。生于林下，攀援于树干上或岩石上。国内分布于华中、华南、西南及浙江、安徽、福建、甘肃。

鳞果星蕨

Lepidomicrosorium buergerianum（Miq.）Ching

　　小型攀援植物。近似于表面星蕨,两者的区别在于:鳞果星蕨孢子囊群幼时有粗筛孔状的盾状隔丝覆盖。

　　产于红星、鹤溪、梅岐、景南、毛垟。生于海拔500~800m常绿阔叶林下岩石下或大树基部。国内分布于浙江、江西、湖北、湖南、台湾、四川、贵州、云南、甘肃、广西、重庆。

黄瓦韦

Lepisorus asterolepis （Baker） Ching ex S. X. Xu

　　根状茎粗而横走, 顶端密被鳞片; 鳞片棕色。叶远生或近生; 叶柄禾秆色; 叶阔披针形。孢子囊群多为椭圆形, 位于叶下面的上半部中脉与叶边之间, 相距较近。

　　产于鹤溪敕木山、草鱼塘分场和毛垟炉西岭。附生于海拔 700~1300m 的林下树干或岩石上。国内分布于华东、华中、西南及陕西。

庐山瓦韦

Lepisorus lewisii（Baker）Ching

根状茎横走。叶疏生；叶窄条形；中脉两面隆起，小脉不明显；叶厚革质，干时叶边强烈反卷包裹孢子囊群而呈念珠状。孢子囊群卵圆形或长圆形，位于中脉与叶边之间，深陷于叶肉中。

产于大仰、景南蚊虫岭和毛垟炉西岭。生于海拔 700~1200m 崖壁上或树干上。国内分布于浙江、安徽、江西、福建、湖北、湖南、广东、海南、广西、四川、贵州。

粤瓦韦

Lepisorus obscurevenulosus（Hayata）Ching

　　根状茎横走。叶通常远生；叶柄通常栗褐色，基部被鳞片；叶披针形或狭披针形，中部以下最阔，先端长渐尖呈尾状，基部狭楔形；中脉两面隆起，小脉不明显。孢子囊群圆形，直径可达 5mm，彼此分离，位于中脉与叶边之间。

　　产于大部分乡镇。生于海拔 750~1400m 林下岩石上或树干上。国内分布于浙江、安徽、江西、福建、湖南、台湾、广东、广西、四川、贵州、云南。

丝带蕨

Lepisorus miyoshianus（Makino）Fraser-Jenk. & Subh. Chandra

叶近生，一型；无柄，基部有关节；叶狭长条形，边缘强烈向下反卷，在中脉两侧形成2条并行的纵沟；中脉上面下陷，下面隆起，侧脉不明。孢子囊群着生于叶上半部靠近中脉的两侧沟中。

产于望东垟自然保护区白云尖、英川岗头。生于海拔1000~1300m阔叶林的树干上。国内分布于西南及浙江、安徽、江西、湖北、湖南、台湾、广东、陕西、甘肃。

瓦 韦

Lepisorus thunbergianus（Kaulf.）Ching

　　叶稍远生；叶狭披针形，中部以下最阔，先端渐尖，基部渐狭而下延；中脉两面隆起，小脉不明显。孢子囊群圆形，位于中脉与叶边之间。

　　全县均产。附生于海拔 400~1200m 的林下岩石或树干上。国内分布于华北、华东、华中、华南、西南及陕西、甘肃。

阔叶瓦韦

Lepisorus tosaensis（Makino）H. Itô

　　植株高15~35cm。叶簇生或近生；叶柄禾秆色或近无柄，基部被鳞片；叶狭披针形，先端锐尖或渐尖，基部渐狭并下延于叶柄成狭翅；中脉两面隆起，小脉不明显。孢子囊群圆形或椭圆形，位于叶下面上半部的中脉与叶边之间，稍近中脉。

　　产于大部分乡镇。生于海拔300~700m的林缘或村庄附近岩石上，或附生于行道树和古树上。国内分布于浙江、湖北、湖南、新疆、安徽、江苏、四川、重庆、贵州、云南、西藏、福建、台湾。

线 蕨

Leptochilus ellipticus（Thunb.）Noot.

　　叶远生，近二型；营养叶一回羽状深裂；羽片4~9对，对生或近对生，下部的分离，披针形或条形，基部狭楔形，有时下延，在叶轴两侧形成狭翅，全缘或略呈浅波状；中脉明显；孢子叶和营养叶同形，但叶柄较长，羽片远较狭，有时则近同大。孢子囊群条形，斜展，在每对侧脉之间各1行，伸达叶边。

　　全县均产。生于海拔300~900m的林下或林缘近水的岩石上。国内分布于华东、华南、西南及湖南。

宽羽线蕨

Leptochilus ellipticus（Thunb.）Noot. var. *pothifolius*（Buch.–Ham. ex D. Don）X. C. Zhang

本变种与线蕨的主要区别在于：本变种根状茎粗壮，直径5~10mm；叶长圆状卵形，较大，长70~100cm，羽状深裂至全裂；羽片通常7~14对，长13~24cm，宽1.2~3cm。

产于东坑章坑。生于海拔500m常绿阔叶林下陡坡乱石堆中。国内分布于浙江、江西、福建、湖北、湖南、贵州、云南、广东、广西、海南、香港。

矩圆线蕨

Leptochilus henryi（Baker）X. C. Zhang

叶远生,一型;叶柄禾秆色,以关节着生于根状茎;叶矩圆状披针形,基部急变狭,下延成狭翅,边缘全缘或略呈波状;侧脉羽状略可见,在每对侧脉间形成网眼,内藏小脉分叉或单一。孢子囊群条形,在两侧脉间斜出,伸达叶边。

全县均产。生于海拔 400~900m 阔叶林下阴湿处或小沟边灌丛中。国内分布于浙江、江西、福建、湖北、湖南、台湾、广西、四川、贵州、云南、陕西。

胄叶线蕨

Leptochilus × hemitomus（Hance）Noot.

叶远生；叶戟形或边缘不规则条裂，少为单叶，先端长渐尖，基部截形；侧脉明显，在每对侧脉间形成2行网眼。孢子囊群条形，在每对侧脉间各1行，伸达叶边，连续或间断。

产于大均大北坑。生于海拔约500m的阔叶林山沟边乱石堆中。国内分布于浙江、江西、福建、湖南、广东、海南、广西、四川、贵州。

中华剑蕨

Loxogramme chinensis Ching

叶线状披针形,长6~12cm,顶端锐尖,基部下延于叶柄基部,全缘或微波状;中肋两面明显。孢子囊群长圆形,通常5~8对,斜向上,有时近与中肋平行,分布于叶中部以上,下部不育。

产于英川香炉山。生于海拔600m沟边岩石上。国内分布于浙江、江西、福建、台湾、广东、广西、四川、贵州、云南、西藏。

褐柄剑蕨

Loxogramme duclouxii Christ

　　叶疏生;叶柄有明显的关节;叶线状倒披针形,向两端渐狭缩,先端尾状,基部下延于叶柄;中肋上面隆起,下面扁平,侧脉不明显;叶近肉质。孢子囊群局限于叶上半部,通常10对以上,密接,多少下陷于叶肉中,下部不育,孢子囊群线与中肋夹角较小。

　　产于毛垟炉西岭。生于海拔约650m的山沟边巨石上苔藓丛中。国内分布于浙江、安徽、江西、河南、湖北、湖南、台湾、广西、四川、贵州、云南、陕西、甘肃。

柳叶剑蕨

Loxogramme salicifolia（Makino）Makino

根状茎横走,被棕褐色卵状披针形鳞片。叶远生;叶披针形,全缘,干后稍反卷;中脉两面明显,上面隆起,下面平坦,不达顶端;叶稍肉质,干后革质,表面皱缩。孢子囊群条形,通常10对以上,与中脉斜交,多少下陷于叶肉中,分布于叶中部以上。

产于郑坑、红星、鹤溪、大均、澄照、梅岐、东坑、景南、毛垟。生于海拔300~700m常绿阔叶林树干或沟边阴湿岩石上。国内分布于华中、华南、西南及浙江、安徽、陕西、甘肃。

叉毛锯蕨

Micropolypodium sikkimense（Hieron.）X. C. Zhang

叶簇生；叶条形，顶端钝，基部长渐狭且下延，几达叶柄基部，二回羽状浅裂至羽状深裂几达中肋；裂片互生，三角形；中肋明显，侧脉不明显。孢子囊群圆形，着生于裂片基部上侧分叉小脉顶端，每一裂片有1枚，靠近中肋两侧各排成1行。

产于望东垟自然保护区白云尖附近。生于海拔约1350m的阔叶林山沟石上。国内分布于浙江、福建、台湾、广东、广西。

盾 蕨

Neolepisorus ensatus（Thunb.）Ching

　　根状茎长而横走,密被或疏被鳞片;鳞片褐色或深棕色,卵状披针形或披针形,先端长渐尖,边缘有疏齿,盾状着生。叶远生;叶柄灰褐色或禾秆色,被鳞片;叶卵形、阔披针形或三角状披针形,先端渐尖,基部变阔,圆形或两侧斜切或多少戟形,略下延于叶柄,全缘或下部有时分裂;侧脉明显,开展,直达叶边,小脉网状,内藏小脉分叉,不甚明显;叶纸质,上面光滑,下面疏被小鳞片。孢子囊群圆形,上部的在主脉两侧各1行,靠近中脉,下部的为不整齐的多行,稀分散。

　　全县均产。生于海拔300~700m林下小山沟附近。尤以常绿阔叶林山麓乱石滩和小瀑布下最易见。国内分布于华东及湖北、湖南、广东、广西、四川、贵州、云南、台湾、重庆。

江南星蕨

Neolepisorus fortunei（T. Moore）Li Wang

叶远生；叶条状披针形，先端长渐尖，基部渐狭，下延于叶柄成狭翅，全缘而有软骨质的边；中脉两面明显隆起，侧脉不明显，小脉网状，网眼内有分叉的内藏小脉；叶厚纸质，下面淡绿色或灰绿色，两面无毛。孢子囊群大，圆形，橙黄色，在中脉两侧排成较整齐的1行或有时为不规则的2行。

全县均产。生于海拔300~700m的低山林下湿润处，多附生于岩石上。国内分布于华东、华中、华南、西南及陕西、甘肃。

短柄禾叶蕨

Oreogrammitis dorsipila（Christ）Parris

　　叶簇生；叶柄纤细；叶条形或倒披针形，先端渐尖而钝，基部长渐狭而下延于叶柄；主脉下面隆起，不达叶顶端；叶革质，被棕色至深棕色刚毛。孢子囊群圆形，深棕色，着生于小脉顶端，紧贴主脉。

　　产于大均、景南。附生于常绿阔叶林沟边岩石上。国内分布于华南及浙江、江西、福建、湖南、贵州、云南。

日本水龙骨

Polypodiodes niponica （Mett.） Ching

　　根状茎灰绿色,疏被鳞片。叶远生;叶长圆状披针形或披针形,羽状深裂几达叶轴;裂片15~30对,互生或近对生;叶脉网状,沿中脉两侧各有1行网眼,网眼外的小脉分离;叶草质,两面密被灰白色短柔毛。孢子囊群圆形,着生于内藏小脉顶端,沿中脉两侧各排成整齐1行。

　　全县均产。生于海拔300~1500m林下、林缘、山沟岩石上或林中树干上。国内分布于长江以南各省份。

石 蕨

Pyrrosia angustissima（Giesenh. ex Diels）Tagawa & K. Iwats.

根状茎细长而横走,密被盾状着生的鳞片。叶远生;几无柄;叶窄条形,先端钝尖,基部渐狭缩;中脉上面凹下,下面隆起;叶革质,边缘强烈向下反卷。孢子囊群条形,沿中脉两侧各排成1行,初时为反卷的叶边覆盖,成熟时张开,露出孢子囊群。

产于景南、毛垟、英川、望东垟自然保护区。附生于海拔 500~1200m 的岩石上。国内分布于华中、华南及浙江、山西、安徽、福建、四川、贵州、陕西、甘肃。

相近石韦

Pyrrosia assimilis（Baker）Ching

根状茎长而横走，密被鳞片。叶近生，一型；无柄或仅有短柄，基部有关节；叶条形或条状倒披针形；中脉上面稍下凹，下面隆起，小脉不明显；叶薄革质。孢子囊群圆形，几满布于叶下面上半部。

产于毛垟炉西岭、英川漈下。生于海拔 600~800m 林下或村边石缝上。国内分布于华东、华中及广东、广西、四川、贵州。

光石韦

Pyrrosia calvata（Baker）Ching

　　叶近生，一型；叶长披针形，先端渐尖，基部渐狭并下延于叶柄上部，全缘；中脉明显，侧脉斜展，略可见，小脉网状，内藏小脉单一或二叉。孢子囊群圆形，布满叶下面的上半部。

　　产于大均、大地、英川。生于海拔 400~700m 的林下或林缘岩石上、树干基部或砾石堆中。国内分布于华中、华南、西南及浙江、福建、陕西、甘肃。

石 韦

Pyrrosia lingua（Thunb.）Farw.

叶远生,近二型;孢子叶通常比营养叶长而狭窄;叶披针形至长圆状披针形。孢子囊群近椭圆形,满布叶下面的全部或上部,幼时密被星芒状毛,成熟时呈砖红色。

全县均产。生于海拔300~1500m的山坡岩石上或溪边石坎上。国内分布于华东、华中、华南、西南及辽宁、甘肃。

有柄石韦

Pyrrosia petiolosa（Christ）Ching

　　叶远生，近二型；具长柄；叶卵形至矩圆形，先端急尖，具钝头，基部楔形，下延全缘；叶脉不明显。孢子囊群布满叶背面，成熟时汇合。

　　仅见于海拔约300m的梧桐乡梧桐村对面小溪边游步道边崖壁上。国内分布于东北、华北、华东、华中、西南及陕西、甘肃。

庐山石韦

Pyrrosia sheareri（Baker）Ching

　　叶近生，一型；叶柄粗壮，有关节与根状茎相连；叶阔披针形，先端短尖或短渐尖，基部近圆截形、心形或不对称的圆耳形；中脉上面平坦或有褶皱，下面隆起，侧脉不甚明显，小脉网状，不明显；叶厚革质。孢子囊群圆形，满布于叶下面，在侧脉间排成多行。

　　产于大部分乡镇。生于海拔400~1500m的林下岩石或树干上。国内分布于长江以南各省份。

恩氏假瘤蕨

Selliguea engleri（Luerss.）Fraser-Jenk.

　　叶远生；叶长披针形或条状披针形，边缘软骨质，具缺刻或呈波状；侧脉斜展，不达叶边；叶背面通常灰白色。孢子囊群圆形，在叶背面不凹陷，沿中脉两侧各排成1行。

　　全县均产。生于林下岩石上。国内分布于浙江、江西、福建、台湾、广西、贵州。

金鸡脚假瘤蕨

Selliguea hastata（Thunb.）Fraser-Jenk.

　　根状茎密被红棕色鳞片。叶远生；叶形态变化大，卵圆形至长条形，先端不分裂、二叉或指状三裂，偶有五裂；裂片边缘有软骨质狭边；中脉和侧脉两面均明显，小脉网状，有内藏小脉。孢子囊群圆形，沿中脉两侧各排成1行。

　　全县均产。生于低山林缘湿石缝中。国内分布于华东、华中、华南、西南及辽宁、陕西、甘肃。

屋久假瘤蕨

Selliguea yakushimensis（Makino）Fraser-Jenk.

根状茎密被棕色鳞片。叶远生；叶条状披针形或椭圆状披针形，向两端狭缩，先端长渐尖，基部楔形，边缘有软骨质狭边，脉间有缺刻或全缘；中脉明显，侧脉不达叶边，小脉不明显；叶坚纸质，表面绿色，背面通常灰绿色，两面无毛。孢子囊群圆形，在叶背面凹陷，在中脉两侧各1行，位于中脉与叶边之间。

全县均产。生于林下或林缘溪边岩石上。国内分布于浙江、江西、福建、湖南、台湾、广西、四川、贵州。

参考文献

[1]蔡壬侯,章绍尧.浙江省植被分片介绍.植物生态学与地植物学丛刊,1985,19(1):71-76.

[2]曹正尧.浙江早白垩世植物群.北京:科学出版社,1999.

[3]丁炳杨,金川.温州植物志:第1卷.北京:中国林业出版社,2017.

[4]董仕勇,左政裕,严岳鸿,等.中国石松类和蕨类植物的红色名录评估.生物多样性,2017,25(7):765-773.

[5]傅书遐.中国蕨类植物志属.北京:科学出版社,1954.

[6]广西壮族自治区中国科学院广西植物研究所.广西植物志:第六卷.南宁:广西科学技术出版社,2013.

[7]郭城孟.蕨类观察图鉴1:基础常见篇.台北:远流出版事业股份有限公司,2020.

[8]郭城孟.蕨类观察图鉴2:进阶珍稀篇.台北:远流出版事业股份有限公司,2020.

[9]郭城孟.自然野趣大观察蕨类.福州:福建科学技术出版社,2016.

[10]郭晓思,徐养鹏.秦岭植物志:第二卷.2版.北京:科学出版社,2013.

[11]杭州大学地理系浙江自然地理编写小组.浙江自然地理.杭州:浙江人民出版社,1959.

[12]侯学煜.中国的植被.北京:人民出版社,1960.

[13]景宁畲族自治县地方志编纂委员会.景宁畲族自治县志(1993—2010).北京:方志出版社,2018.

[14]刘日林,陈征海,季必浩.浙江景宁望东垟、大仰湖湿地自然保护区植物与植被调查研究.杭州:浙江大学出版社,2016.

[15]马丹丹,吴家森,等.宁波植物图鉴:第1卷.北京:科学出版社,2018.

[16]梅笑漫,朱圣潮,徐双喜,等.浙江省凤阳山自然保护区蕨类植物区系的研究.植物研究,2005(1):99-105.

[17]梅旭东,徐小祥,蓝火龙,等.采自景宁的浙江维管植物新记录.杭州师范大学学报(自然科学版),2019,18(1):6-8.

[18]秦仁昌.中国蕨类植物图谱.北京:北京大学出版社,2011.

[19]沈显生.苏浙皖蕨类植物区系探讨.武汉植物学研究,2001,19(3):215-219.

[20]王浩威,戴晶敏,陈再雄,等.中国东南部卷柏一新种:东方卷柏——基于形态学和分子生物学证据.中山大学学报(自然科学版),2022,61(2):57-64.

[21]王培善,潘炉台.贵州石松类和蕨类植物志.贵阳:贵州科学技术出版社,2018.

[22]王宗琪,刘伊葭,许元科,等.浙江省2种蕨类植物新记录.亚热带植物科学,2019,48(2):194-196.

[23]王宗琪,许元科,林坚,等.浙江景宁畲族自治县石松类和蕨类植物区系的研究.亚热带植物科学,2019(3):254-260.

［24］王宗琪,许元科,林坚,等.浙江省蕨类植物新记录.亚热带植物科学,2018,47(2):173-175.

［25］吴兆洪,秦仁昌.中国蕨类植物科属志.北京:科学出版社,1991.

［26］谢文远,任孟春,王宗琪,等.浙江蕨类植物一新记录科——车前蕨科.浙江林业科技,2022,42(6):100-102.

［27］严岳鸿,张宪春,马克平.中国蕨类植物多样性与地理分布.北京:科学出版社,2013.

［28］严岳鸿,张宪春,周喜乐,等.中国生物物种名录:第一卷.北京:科学出版社,2016.

［29］张朝芳,章绍尧.浙江植物志:第1卷.杭州:浙江科学技术出版社,1994.

［30］张宪春,孙久琼.石松类和蕨类名词及名称.北京:中国林业出版社,2015.

［31］张宪春,卫然,刘红梅,等.中国现代石松类和蕨类的系统发育与分类系统.植物学报,2013,48(2):119-137.

［32］张宪春.中国石松类和蕨类植物.北京:北京大学出版社,2012.

［33］《浙江植物志(新编)》编辑委员会.浙江植物志(新编):第一卷.杭州:浙江科学技术出版社,2021.

［34］中国科学院植物研究所.中国高等植物图鉴:第一册.北京:科学出版社,1987.

［35］中国科学院中国植物地理编辑委员会.中国自然地理植被地理:下册.北京:科学出版社,1988.

［36］中国科学院中国植物志编辑委员会.中国植物志.北京:科学出版社,2004.

［37］中国植被编辑委员会.中国植被.北京:科学出版社,1986.

［38］吴征镒,孙航,周浙昆,等.中国种子植物区系地理.北京:科学出版社,2010.

［39］WU Z Y,RAVEN P H. Flora of China. Beijing:Sciences Press;St. Louis:Missouri Botanical Garden Press,2013.

附录一 景宁石松类和蕨类植物名录

本名录科的顺序按照 *Flora of China* 中的顺序排列，属和种按字母顺序排列。本名录共收录景宁石松类和蕨类植物30科89属316种(包括种以下单位，下同)，其中石松类2科5属23种，蕨类28科84属293种。

石松类 Lycophytes

一、石松科 Lycopodiaceae

(一)石杉属 *Huperzia* Bernh.

1. 长柄石杉 *Huperzia javanica*（Sw.）C. Y. Yang

2. 峨眉石杉 *Huperzia emeiensis*（Ching & H. S. Kung）Ching & H. S. Kung

3. 四川石杉 *Huperzia sutchueniana*（Herter）Ching

(二)藤石松属 *Lycopodiastrum* Holub ex R. D. Dixit

4. 藤石松 *Lycopodiastrum casuarinoides*（Spring）Holub ex Dixit

(三)石松属 *Lycopodium* L.

5. 垂穗石松 *Lycopodium cernuum* L.

6. 石松 *Lycopodium japonicum* Thunb.

(四)马尾杉属 *Phlegmariurus* Holub

7. 柳杉叶马尾杉 *Phlegmariurus cryptomerianus*（Maxim.）Satou

8. 福氏马尾杉 *Phlegmariurus fordii*（Baker）Ching

9. 闽浙马尾杉 *Phlegmariurus mingjoui* X. C. Zhang

二、卷柏科 Selaginellaceae

(五)卷柏属 *Selaginella* P. Beauv.

10. 布朗卷柏 *Selaginella braunii* Baker

11. 蔓生卷柏 *Selaginella davidii* Franch.

12. 薄叶卷柏 *Selaginella delicatula*（Desv. ex Poir.）Alston

13. 深绿卷柏 *Selaginella doederleinii* Hieron.

14. 异穗卷柏 *Selaginella heterostachys* Baker

15. 兖州卷柏 *Selaginella involvens*（Sw.）Spring

16. 小翠云 *Selaginella kraussiana* A. Braun

17. 细叶卷柏 *Selaginella labordei* Hieron. ex Christ

18. 江南卷柏 *Selaginella moellendorffii* Hieron.

19.伏地卷柏 *Selaginella nipponica* Franch. & Sav.

20.东方卷柏 *Selaginella orientalichinensis* Ching & C. F. Zhang ex Hao W. Wang & W. B. Liao

21.疏叶卷柏 *Selaginella remotifolia* Spring

22.卷柏 *Selaginella tamariscina*（P. Beauv.）Spring

23.翠云草 *Selaginella uncinata*（Desv. ex Poir.）Spring

蕨类 Ferns

一、木贼科 Equisetaceae

（一）木贼属 *Equisetum* L.

1.节节草 *Equisetum ramosissimum* Desf.

2.笔管草 *Equisetum ramosissimum* Desf. subsp. *debile*（Roxb. ex Vauch.）Hauke

二、瓶尔小草科 Ophioglossaceae

（二）阴地蕨属 *Botrychium* Sw.

3.薄叶阴地蕨 *Botrychium daucifolium* Wall. ex Hook. & Grev.

4.华东阴地蕨 *Botrychium japonicum*（Prantl）Underw.

5.阴地蕨 *Botrychium ternatum*（Thunb.）Sw.

6.蕨萁 *Botrychium virginianum*（L.）Sw.

（三）瓶尔小草属 *Ophioglossum* L.

7.心叶瓶尔小草 *Ophioglossum reticulatum* L.

8.瓶尔小草 *Ophioglossum vulgatum* L.

三、松叶蕨科 Psilotaceae

（四）松叶蕨属 *Psilotum* Sw.

9.松叶蕨 *Psilotum nudum*（L.）P. Beauv.

四、合囊蕨科 Marattiaceae

（五）莲座蕨属 *Angiopteris* Hoffm.

10.福建观音座莲 *Angiopteris fokiensis* Hieron.

五、紫萁科 Osmundaceae

（六）紫萁属 *Osmunda* L.

11.粗齿紫萁 *Osmunda banksiifolia*（C. Presl）Kuhn

12.紫萁 *Osmunda japonica* Thunb.

13.华南紫萁 *Osmunda vachellii* Hook.

（七）桂皮紫萁属 *Osmundastrum* C. Presl

14.桂皮紫萁 *Osmundastrum cinnamomeum*（L.）C. Presl

六、膜蕨科 Hymenophyllaceae

（八）假脉蕨属 *Crepidomanes* C. Presl

15.长柄假脉蕨 *Crepidomanes latealatum*（Bosch）Copel.

16.团扇蕨 *Crepidomanes minutus*（Blume）K. Iwats.

（九）膜蕨属 *Hymenophyllum* Sm.

17.蕗蕨 *Hymenophyllum badium* Hook. & Grev.

18.华东膜蕨 *Hymenophyllum barbatum*（Bosch）Baker

19.毛蕗蕨 *Hymenophyllum exsertum* Wall. ex Hook.

20.长柄蕗蕨 *Hymenophyllum polyanthos*（Sw.）Sw.

（十）瓶蕨属 *Vandenboschia* Copel.

21.瓶蕨 *Vandenboschia auriculata*（Blume）Copel.

22.墨兰瓶蕨 *Vandenboschia cystoseiroides*（Christ）Ching

23.管苞瓶蕨 *Vandenboschia kalamocarpa*（Hayata）Ebihara

24.南海瓶蕨 *Vandenboschia striata*（D. Don）Ebihara

七、里白科 Gleicheniaceae

（十一）芒萁属 *Dicranopteris* Bernh.

25.芒萁 *Dicranopteris pedata*（Houtt.）Nakaike

（十二）里白属 *Diplopterygium*（Diels）Nakai

26.中华里白 *Diplopterygium chinense*（Rosenst.）De Vol

27.里白 *Diplopterygium glaucum*（Thunb. ex Houtt.）Nakai

28.光里白 *Diplopterygium laevissimum*（Christ）Nakai

八、海金沙科 Lygodiaceae

（十三）海金沙属 *Lygodium* Sw.

29.海金沙 *Lygodium japonicum*（Thunb.）Sw.

九、蘋科 Marsileaceae

（十四）蘋属 *Marsilea* L.

30.蘋 *Marsilea quadrifolia* L.

十、槐叶蘋科 Salviniaceae

（十五）满江红属 *Azolla* Lam.

31.满江红 *Azolla pinnata* R. Br. subsp. *asiatica* R. M. K. Saunder & K. Fowler

（十六）槐叶蘋属 *Salvinia* Ség.

32.槐叶蘋 *Salvinia natans*（L.）Allioni

十一、瘤足蕨科 Plagiogyriaceae

（十七）瘤足蕨属 *Plagiogyria*（Kunze）Mett.

33.瘤足蕨 *Plagiogyria adnata*（Blume）Bedd.

34. 华中瘤足蕨 *Plagiogyria euphlebia*（Kunze）Mett.

35. 镰羽瘤足蕨 *Plagiogyria falcata* Copel.

36. 华东瘤足蕨 *Plagiogyria japonica* Nakai

十二、金毛狗科 Cibotiaceae

（十八）金毛狗属 *Cibotium* Kaulf.

37. 金毛狗 *Cibotium barometz*（L.）J. Sm.

十三、桫椤科 Cyatheaceae

（十九）黑桫椤亚属 Subgen. *Gymnosphaera*（Blume）Q. Xia

38. 粗齿黑桫椤 *Gymnosphaera denticulata*（Baker）Copel.

十四、鳞始蕨科 Lindsaeaceae

（二十）鳞始蕨属 *Lindsaea* Dryand. ex Sm.

39. 钱氏鳞始蕨 *Lindsaea chienii* Ching

40. 团叶鳞始蕨 *Lindsaea orbiculata*（Lam.）Mett. ex Kuhn

（二十一）乌蕨属 *Odontosoria* Fée

41. 乌蕨 *Odontosoria chinensis*（L.）J. Sm.

十五、凤尾蕨科 Pteridaceae

（二十二）铁线蕨属 *Adiantum* L.

42. 长尾铁线蕨 *Adiantum diaphanum* Blume

43. 扇叶铁线蕨 *Adiantum flabellulatum* L.

44. 掌叶铁线蕨 *Adiantum pedatum* L.

（二十三）粉背蕨属 *Aleuritopteris* Fée

45. 粉背蕨 *Aleuritopteris anceps*（Blanf.）Panigrahi

46. 银粉背蕨 *Aleuritopteris argentea*（S. G. Gmel.）Fée

（二十四）车前蕨属 *Antrophyum* Kaulf.

47. 长柄车前蕨 *Antrophyum obovatum* Baker

（二十五）水蕨属 *Ceratopteris* Brongn.

48. 水蕨 *Ceratopteris thalictroides*（L.）Brongn.

（二十六）碎米蕨属 *Cheilanthes* Sw.

49. 毛轴碎米蕨 *Cheilanthes chusana* Hook.

50. 旱蕨 *Cheilanthes nitidula* Wall. ex Hook.

51. 碎米蕨 *Cheilanthes opposita* Kaulf.

（二十七）凤了蕨属 *Coniogramme* Fée

52. 镰羽凤了蕨 *Coniogramme falcipinna* Ching & K. H. Shing

53. 普通凤了蕨 *Coniogramme intermedia* Hieron.

54. 凤了蕨 *Coniogramme japonica*（Thunb.）Diels

55.疏网凤了蕨 *Coniogramme wilsonii* Hieron.

（二十八）书带蕨属 *Haploptreis* C. Presl

56.书带蕨 *Haploptreis flexuosa*（Fée）E. H. Crane

（二十九）金粉蕨属 *Onychium* Kaulf.

57.野雉尾金粉蕨 *Onychium japonicum*（Thunb.）Kunze

58.栗柄金粉蕨 *Onychium japonicum*（Thunb.）Kunze var. *lucidum*（D. Don）Christ

（三十）凤尾蕨属 *Pteris* L.

59.凤尾蕨 *Pteris nervosa* Thunb.

60.岩凤尾蕨 *Pteris deltodon* Baker

61.刺齿凤尾蕨 *Pteris dispar* Kunze

62.剑叶凤尾蕨 *Pteris ensiformis* Burm.

63.傅氏凤尾蕨 *Pteris fauriei* Hieron.

64.全缘凤尾蕨 *Pteris insignis* Mett. ex Kuhn

65.平羽凤尾蕨 *Pteris kiuschiuensis* Hieron.

66.井栏边草 *Pteris multifida* Poir.

67.江西凤尾蕨 *Pteris obtusiloba* Ching & S. H. Wu

68.斜羽凤尾蕨 *Pteris oshimensis* Hieron.

69.栗柄凤尾蕨 *Pteris plumbea* Christ

70.半边旗 *Pteris semipinnata* L.

71.溪边凤尾蕨 *Pteris terminalis* Wall. ex J. Agardh

72.蜈蚣草 *Pteris vittata* L.

十六、碗蕨科 Dennstaedtiaceae

（三十一）碗蕨属 *Dennstaedtia* Bernh.

73.细毛碗蕨 *Dennstaedtia hirsuta*（Sw.）Mett.

74.碗蕨 *Dennstaedtia scabra*（Wall. ex Hook.）T. Moore

75.光叶碗蕨 *Dennstaedtia scabra*（Wall. ex Hook.）T. var. *glabrescens*（Ching）C. Chr.

（三十二）栗蕨属 *Histiopteris*（J. Agardh）J. Sm.

76.栗蕨 *Histiopteris incisa*（Thunb.）J. Sm.

（三十三）姬蕨属 *Hypolepis* Bernh.

77.姬蕨 *Hypolepis punctata*（Thunb.）Mett.

（三十四）鳞盖蕨属 *Microlepia* C. Presl

78.华南鳞盖蕨 *Microlepia hancei* Prantl

79.边缘鳞盖蕨 *Microlepia marginata*（Panzer）C. Chr.

80.二回边缘鳞盖蕨 *Microlepia marginata*（Panzer）C. Chr. var. *bipinnata* Makino

81.毛叶边缘鳞盖蕨 *Microlepia marginata*（Panzer）C. Chr. var. *villosa*（C. Presl）Wu

82.假粗毛鳞盖蕨 *Microlepia pseudostrigosa* Makino

83.粗毛鳞盖蕨 *Microlepia strigosa* （Thunb.） C. Presl

（三十五）稀子蕨属 *Monachosorum* Kunze

84.尾叶稀子蕨 *Monachosorum flagellare* （Maxim. ex Makino） Hayata

（三十六）蕨属 *Pteridium* Gled. ex Scop.

85.蕨 *Pteridium aquilinum* （L.） Kuhn var. *latiusculum* （Desv.） Underw. ex A. Heller

86.毛轴蕨 *Pteridium revolutum* （Blume） Nakai

十七、冷蕨科 Cystopteridaceae

（三十七）亮毛蕨属 *Acystopoteris* Nakai

87.亮毛蕨 *Acystopoteris japonica* （Luerss.） Nakai

（三十八）羽节蕨属 *Gymnocarpium* Newman

88.东亚羽节蕨 *Gymnocarpium oyamense* （Baker） Ching

十八、肠蕨科 Diplaziopsidaceae

（三十九）肠蕨属 *Diplaziopsis* C. Chr.

89.川黔肠蕨 *Diplaziopsis cavaleriana* （Christ） C. Chr.

十九、铁角蕨科 Aspleniaceae

（四十）铁角蕨属 *Asplenium* L.

90.铁角蕨 *Asplenium trichomanes* L.

91.华南铁角蕨 *Asplenium austrochinense* Ching

92.大盖铁角蕨 *Asplenium bullatum* Wall. ex Mett.

93.毛轴铁角蕨 *Asplenium crinicaule* Hance

94.虎尾铁角蕨 *Asplenium incisum* Thunb.

95.胎生铁角蕨 *Asplenium indicum* Sledge

96.倒挂铁角蕨 *Asplenium normale* D. Don

97.东南铁角蕨 *Asplenium oldhamrii* Hance

98.北京铁角蕨 *Asplenium pekinense* Hance

99.长叶铁角蕨 *Asplenium prolongatum* Hook.

100.骨碎补铁角蕨 *Asplenium ritonse* Hayata

101.华中铁角蕨 *Asplenium sarelii* Hook.

102.三翅铁角蕨 *Asplenium tripteropus* Nakai

103.闽浙铁角蕨 *Asplenium wilfordii* Mett. ex Kuhn

104.狭翅铁角蕨 *Asplenium wrightii* Eaton ex Hook.

105.棕鳞铁角蕨 *Asplenium yoshinagae* Makino

（四十一）膜叶铁角蕨属 *Hymenasplenium* Hayata

106.切边膜叶铁角蕨 *Hymenasplenium excisum* （C. Presl） S. Lindsay

二十、轴果蕨科 Rhachidosoraceae

（四十二）轴果蕨属 *Rhachidosorus* Ching

107.轴果蕨 *Rhachidosorus mesosorus*（Makino）Ching

二十一、金星蕨科 Thelypteridaceae

（四十三）钩毛蕨属 *Cyclogramma* Tagawa

108.狭基钩毛蕨 *Cyclogramma leveillei*（Christ）Ching

（四十四）毛蕨属 *Cyclosorus* Link

109.渐尖毛蕨 *Cyclosorus acuminatus*（Houtt.）Nakai

110.干旱毛蕨 *Cyclosorus aridus*（D. Don）Ching

111.齿牙毛蕨 *Cyclosorus dentatus*（Forssk.）Ching

112.华南毛蕨 *Cyclosorus parasiticus*（L.）Farw.

（四十五）圣蕨属 *Dictyocline* T. Moore

113.闽浙圣蕨 *Dictyocline mingchegensis* Ching

114.羽裂圣蕨 *Dictyocline wilfordii*（Hook.）J. Sm.

（四十六）伏蕨属 *Leptogramma* J. Sm.

115.峨眉伏蕨 *Leptogramma scallanii*（Christ）Ching

116.小叶伏蕨 *Leptogramma tottoides* H. Itô

（四十七）针毛蕨属 *Macrothelypteris*（H. Itô）Ching

117.针毛蕨 *Macrothelypteris oligophlebia*（Baker）Ching

118.雅致针毛蕨 *Macrothelypteris oligophlebia*（Baker）Ching var. *elegans*（Koidz.）Ching

119.普通针毛蕨 *Macrothelypteris torresiana*（Gaudich.）Ching

120.翠绿针毛蕨 *Macrothelypteris viridifrons*（Tagawa）Ching

（四十八）凸轴蕨属 *Metathelypteris*（H. Itô）Ching

121.微毛凸轴蕨 *Metathelypteris adscendens*（Ching）Ching

122.林下凸轴蕨 *Metathelypteris hattorii*（H. Itô）Ching

123.疏羽凸轴蕨 *Metathelypteris laxa*（Franch. & Sav.）Ching

124.有柄凸轴蕨 *Metathelypteris petiolulata* Ching ex K. H. Shing

125.武夷山凸轴蕨 *Metathelypteris wuyishanica* Ching

（四十九）金星蕨属 *Parathelypteris*（H. Itô）Ching

126.钝角金星蕨 *Parathelypteris angulariloba*（Ching）Ching

127.狭叶金星蕨 *Parathelypteris angustifrons*（Miq.）Ching

128.长根金星蕨 *Parathelypteris beddomei*（Baker）Ching

129.中华金星蕨 *Parathelypteris chinensis*（Ching）Ching

130.金星蕨 *Parathelypteris glanduligera*（Kunze）Ching

131.光脚金星蕨 *Parathelypteris japonica*（Baker）Ching

132.有齿金星蕨 *Parathelypteris serrutula*（Ching）Ching

（五十）卵果蕨属 *Phegopteris*（C. Presl）Fée

133.延羽卵果蕨 *Phegopteris decursive-pinnata*（H. C. Hall）Fée

（五十一）星月蕨属 *Pronephrium* C. Presl

134.披针星月蕨 *Pronephrium penangianum*（Hook.）Holttum

（五十二）假毛蕨属 *Pseudocyclosorus* Ching

135.镰片假毛蕨 *Pseudocyclosorus falcilobus*（Hook.）Ching

136.普通假毛蕨 *Pseudocyclosorus subochthodes*（Ching）Ching

137.景烈假毛蕨 *Pseudocyclosorus tsoi* Ching

（五十三）紫柄蕨属 *Pseudophegopteris* Ching

138.耳状紫柄蕨 *Pseudophegopteris aurita*（Hook.）Ching

139.紫柄蕨 *Pseudophegopteris pyrrhorhachis*（Kunze）Ching

二十二、蹄盖蕨科 Athyriaceae

（五十四）安蕨属 *Anisocampium* C. Presl

140.华东安蕨 *Anisocampium sheareri*（Baker）Ching

（五十五）蹄盖蕨属 *Athyrium* Roth

141.百山祖蹄盖蕨 *Athyrium baishanzuense* Ching & Y. T. Hsieh

142.坡生蹄盖蕨 *Athyrium clivicola* Tagawa

143.溪边蹄盖蕨 *Athyrium deltoidofrons* Makino

144.湿生蹄盖蕨 *Athyrium devolii* Ching

145.中间蹄盖蕨 *Athyrium intermixtum* Ching & P. S. Chui

146.长江蹄盖蕨 *Athyrium iseanum* Rosenst.

147.昂山蹄盖蕨 *Athyrium maoshanense* Ching & P. S. Chiu

148.光蹄盖蕨 *Athyrium otophorum*（Miq.）Koidz.

149.尖头蹄盖蕨 *Athyrium vidalii*（Franch. & Sav.）Nakai

150.松谷蹄盖蕨 *Athyrium vidalii*（Franch. & Sav.）Nakai var. *amabile*（Ching）Z. R. Wang

151.华中蹄盖蕨 *Athyrium wardii*（Hook.）Makino

152.禾秆蹄盖蕨 *Athyriu yokoscense*（Franch. & Sav.）Christ

（五十六）角蕨属 *Cornopteris* Nakai

153.尖羽角蕨 *Cornopteris christenseniana*（Koidz.）Tagawa

154.角蕨 *Cornopteris decurrenti-alata*（Hook.）Nakai

155.黑叶角蕨 *Cornopteris opaca*（D. Don）Tagawa

（五十七）对囊蕨属 *Deparia* Hook. & Grev.

156.钝羽假蹄盖蕨 *Deparia conilii*（Franch. & Sav.）M. Kato

157.二型叶假蹄盖蕨 *Deparia dimorphophylla*（Koidz.）M. Kato

158.单叶双盖蕨 *Deparia lancea*（Thunb.）Feaser-Jenk.

159.假蹄盖蕨(东洋对囊蕨)*Deparia japonica*（Thunb.）M. Kato

160.刺毛介蕨 *Deparia setigera*（Ching ex Y. T. Hsieh）Z. R. Wang

161.大久保对囊蕨(华中介蕨)*Deparia okuboana*（Makino）M. Kato

162.毛叶对囊蕨(毛轴假蹄盖蕨)*Deparia petersenii*（Kunze）M. Kato

163.羽裂叶对囊蕨(羽裂叶双盖蕨)*Deparia tomitaroana*（Masam.）R. Sano

164.单叉对囊蕨(峨眉介蕨)*Deparia unifurcata*（Baker）M. Kato

165.绿叶对囊蕨(绿叶介蕨)*Deparia viridifrons*（Makino）M. Kato

（五十八）双盖蕨属 *Diplazium* Sw.

166.百山祖双盖蕨 *Diplazium baishanzuense*（Ching & P. S. Chiu）Z. R. He

167.中华双盖蕨(中华短肠蕨)*Diplazium chinense*（Baker）C. Chr.

168.边生双盖蕨(边生短肠蕨)*Diplazium conterminum*（Christ）Ching

169.毛柄双盖蕨(毛柄短肠蕨)*Diplazium dilatatum* Blume

170.光脚双盖蕨(光脚短肠蕨)*Diplazium doederleinii*（Luerss.）Makino

171.食用双盖蕨(菜蕨)*Diplazium esculentum*（Retz.）Sw.

172.毛轴食用双盖蕨(毛轴菜蕨)*Diplazium esculentum*（Retz.）Sw. var. *pubescens*（Link）Tardieu & C. Chr.

173.薄盖双盖蕨(薄盖短肠蕨)*Diplazium hachijoense* Nakai

174.异裂双盖蕨(异裂短肠蕨)*Diplazium laxifrons* Rosenst.

175.江南双盖蕨(江南短肠蕨)*Diplazium mettenianum*（Miq.）C. Chr.

176.日本双盖蕨(日本短肠蕨)*Diplazium nipponicum* Tagawa

177.假耳羽双盖蕨(假耳羽短肠蕨)*Diplazium okudairai* Makino

178.薄叶双盖蕨(薄叶短肠蕨)*Diplazium pinfaense* Ching

179.鳞柄双盖蕨(鳞柄短肠蕨)*Diplazium squamigerum*（Mett.）C. Hope

180.淡绿双盖蕨(淡绿短肠蕨)*Diplazium virescens* Kunze

181.短果双盖蕨(短果短肠蕨)*Diplazium wheeleri*（Baker）Diels

182.耳羽双盖蕨(耳羽短肠蕨)*Diplazium wichurae*（Mett.）Diels

二十三、球子蕨科 Onocleaceae

（五十九）东方荚果蕨属 *Pentarhizidium* Hayata

183.东方荚果蕨 *Pentarhizidium orientale*（Hook.）Hayata

二十四、乌毛蕨科 Blechnaceae

（六十）乌毛蕨属 *Blechnum* L.

184.乌毛蕨 *Blechnum orientale* L.

（六十一）狗脊属 *Woodwardia* Sm.

185.狗脊 *Woodwardia japonica*（L. f.）Smith

186.胎生狗脊（珠芽狗脊）*Woodwardia prolifera* Hook. & Arnott

二十五、鳞毛蕨科 Dryopteridaceae

（六十二）复叶耳蕨属 *Arachniodes* Blume

187.斜方复叶耳蕨 *Arachniodes amabilis*（Blume）Tindale

188.美丽复叶耳蕨 *Arachniodes amoena*（Ching）Ching

189.刺头复叶耳蕨 *Arachniodes aristata*（G. Forst.）Tindale

190.中华复叶耳蕨 *Arachniodes chinensis*（Rosenst.）Ching

191.华南复叶耳蕨 *Arachniodes festina*（Hance）Ching

192.缩羽复耳蕨 *Arachniodes japonica*（Sa. Kurata）Nakaike

193.相似复叶耳蕨（同羽复叶耳蕨）*Arachniodes similis* Ching

194.长尾复叶耳蕨 *Arachniodes simplicior*（Makino）Ohwi

195.美观复叶耳蕨 *Arachniodes speciosa*（D. Don）Ching

196.紫云山复叶耳蕨 *Arachniodes ziyunshanensis* Y. T. Hsieh

（六十三）实蕨属 *Bolbitis* Schott

197.华南实蕨 *Bolbitis subcordata*（Copel.）Ching

（六十四）肋毛蕨属 *Ctenitis*（C. Chr.）C. Chr.

198.二型肋毛蕨 *Ctenitis dingnanensis* Ching

199.厚叶肋毛蕨 *Ctenitis sinii*（Ching）Ohwi

200.亮鳞肋毛蕨 *Ctenitis subglandulosa*（Hance）Ching

（六十五）贯众属 *Cyrtomium* C. Presl

201.贯众 *Cyrtomium fortunei* J. Sm.

（六十六）鳞毛蕨属 *Dryopteris* Adans

202.暗鳞鳞毛蕨 *Dryopteris atrata*（Wall. ex Kunze）Ching

203.阔鳞鳞毛蕨 *Dryopteris championii*（Benth.）C. Chr. ex Ching

204.混淆鳞毛蕨 *Dryopteris commixta* Tagawa

205.桫椤鳞毛蕨 *Dryopteris cycadina*（Franch. & Sav.）C. Chr.

206.迷人鳞毛蕨 *Dryopteris decipiens*（Hook.）Kuntze

207.深裂迷人鳞毛蕨 *Dryopteris decipiens*（Hook.）Kuntze var. *diplazioides*（Christ）Ching

208.德化鳞毛蕨 *Dryopteris dehuaensis* Ching

209.远轴鳞毛蕨 *Dryopteris dickinsii*（Franch. & Sav.）C. Chr.

210.宜昌鳞毛蕨 *Dryopteris enneaphylla*（Baker）C. Chr.

211.红盖鳞毛蕨 *Dryopteris erythrosora*（D. C. Eaton）O. Kuntze

212.黑足鳞毛蕨*Dryopteris fuscipes* C. Chr.

213.裸果鳞毛蕨*Dryopteris gymnosora*（Makino）C. Chr.

214.边生鳞毛蕨*Dryopteris handeliana* C. Chr.

215.杭州鳞毛蕨*Dryopteris hangchowensis* Ching

216.桃花岛鳞毛蕨*Dryopteris hondoensis* Koidz.

217.假异鳞毛蕨*Dryopteris immixta* Ching

218.平行鳞毛蕨*Dryopteris indusiata*（Makino）Makino & Yamam.

219.京畿鳞毛蕨*Dryopteris kinkiensis* Koidz. ex Tagawa

220.齿果鳞毛蕨*Dryopteris labordei*（Christ）C. Chr.

221.狭顶鳞毛蕨*Dryopteris lacera*（Thunb.）Kuntze

222.轴鳞鳞毛蕨*Dryopteris lepidorachis* C. Chr.

223.阔鳞肋毛蕨*Dryopteris maximowicziana*（Miq.）C. Chr.

224.太平鳞毛蕨*Dryopteris pacifica*（Nakai）Tagawa

225.宽羽鳞毛蕨*Dryopteris ryo-itoana* Sa. Kurata

226.棕边鳞毛蕨*Dryopteris sacrosancta* Koidz.

227.三角鳞毛蕨*Dryopteris subtriangularis*（C. Hope）C. Chr.

228.无盖鳞毛蕨*Dryopteris scottii*（Bedd.）Ching ex C. Chr.

229.两色鳞毛蕨*Dryopteris setosa*（Thunb.）Akasawa

230.奇羽鳞毛蕨*Dryopteris sieboldii*（Van Houtte ex Mett.）Kuntze

231.高鳞毛蕨*Dryopteris simasakii*（H. Itô）Sa. Kurata

232.稀羽鳞毛蕨*Dryopteris sparsa*（D. Don）Kuntze

233.无柄鳞毛蕨*Dryopteris submarginata* Rosenst.

234.华南鳞毛蕨*Dryopteris tenuicula* C. G. Matthew & Christ

235.东京鳞毛蕨*Dryopteris tokyoensis*（Matsum. ex Makino）C. Chr.

236.观光鳞毛蕨*Dryopteris tsoongii* Ching

237.同形鳞毛蕨*Dryopteris uniformis*（Makino）Makino

238.变异鳞毛蕨*Dryopteris varia*（L.）Kuntze

239.黄山鳞毛蕨*Dryopteris whangshangensis* Ching

240.寻乌鳞毛蕨*Dryopteris xunwuensis* Ching & K. H. Shing

（六十七）舌蕨属 *Elaphoglossum* Schott ex J. Sm.

241.华南舌蕨*Elaphoglossum yoshinagae*（Yatabe）Makino

（六十八）耳蕨属 *Polystichum* Roth

242.巴郎耳蕨（镰羽贯众）*Polystichum balansae* Christ

243.卵状鞭叶蕨（卵状鞭叶耳蕨）*Polystichum conjunctum*（Ching）Li Bing Zhang

244. 对生耳蕨 *Polystichum deltodon*（Baker）Diels

245. 小戟叶耳蕨 *Polystichum hancockii*（Hance）Diels

246. 鞭叶蕨 *Polystichum lepidocaulon*（Hook.）J. Sm.

247. 黑鳞耳蕨 *Polystichum makinoi*（Tagawa）Tagawa

248. 棕鳞耳蕨 *Polystichum polyblepharum*（Roemer ex Kunze）C. Presl

249. 假黑鳞耳蕨 *Polystichum pseudomakinoi* Tagawa

250. 阔镰鞭叶蕨（普陀鞭叶蕨、普陀鞭叶耳蕨）*Polystichum putuoense* Li Bing Zhang

251. 戟叶耳蕨 *Polystichum tripteron*（Kunze）C. Presl

252. 对马耳蕨 *Polystichum tsus-simense*（Hook.）J. Sm.

二十六、肾蕨科 Nephrolepidaceae

（六十九）肾蕨属 *Nephrolepis* Schott

253. 肾蕨 *Nephrolepis cordifolia*（L.）C. Presl

二十七、骨碎补科 Davalliaceae

（七十）小膜盖蕨属 *Araiostegia* Copel.

254. 鳞轴小膜盖蕨 *Araiostegia perdurans*（Christ）Copel.

（七十一）阴石蕨 *Humata* Cav.

255. 杯盖阴石蕨（圆盖阴石蕨）*Humata griffithiana*（Hook.）C. Chr.

256. 阴石蕨 *Humata repens*（L. f.）Small ex Diels

二十八、水龙骨科 Polypodiaceae

（七十二）节肢蕨属 *Arthromeris*（T. Moore）J. Sm.

257. 龙头节肢蕨 *Arthromeris lungtauensis* Ching

（七十三）槲蕨属 *Drynaria*（Bory）J. Sm.

258. 槲蕨 *Drynaria roosii* Nakaike

（七十四）伏石蕨属 *Lemmaphyllum* C. Presl

259. 披针骨牌蕨 *Lemmaphyllum diversum*（Rosenst.）Tagawa

260. 抱石莲 *Lemmaphyllum drymoglossoides*（Baker）Ching

261. 骨牌蕨 *Lemmaphyllum rostratum*（Bedd.）Tagawa

（七十五）鳞果星蕨属 *Lepidomicrosorium* Ching & K. H. Shing

262. 鳞果星蕨 *Lepidomicrosorium buergerianum*（Miq.）Ching

263. 表面星蕨 *Lepidomicrosorium superficiale*（Blume）Li Wang

（七十六）瓦韦属 *Lepisorus*（J. Sm.）Ching

264. 黄瓦韦 *Lepisorus asterolepis*（Baker）Ching ex S. X. Xu

265. 鳞瓦韦 *Lepisorus kawakamii*（Hayata）Tagawa

266. 庐山瓦韦 *Lepisorus lewisii*（Baker）Ching

267. 丝带蕨 *Lepisorus miyoshianus*（Makino）Fraser-Jenk. & Subh. Chandra

268.粤瓦韦 *Lepisorus obscurevenulosus*（Hayata）Ching

269.瓦韦 *Lepisorus thunbergianus*（Kaulf.）Ching

270.阔叶瓦韦 *Lepisorus tosaensis*（Makino）H. Itô

（七十七）薄唇蕨属 *Leptochilus* Kaulf.

271.线蕨 *Leptochilus ellipticus*（Thunb.）Noot.

272.宽羽线蕨 *Leptochilus ellipticus*（Thunb.）Noot var. *pothifolius*（Buch.-Ham. ex D. Don）X. C. Zhang

273.矩圆线蕨 *Leptochilus henryi*（Baker）X. C. Zhang

274.褐叶线蕨 *Leptochilus wrightii*（Hook. & Baker）X. C. Zhang

275.胄叶线蕨 *Leptochilus×hemitomus*（Hance）Noot.

（七十八）剑蕨属 *Loxogramme*（Blume）C. Presl

276.中华剑蕨 *Loxogramme chinensis* Ching

277.褐柄剑蕨 *Loxogramme duclouxii* Chirst

278.匙叶剑柄 *Loxogramme grammitoides*（Baker）C. Chr.

279.柳叶剑蕨 *Loxogramme salicifolia*（Makino）Makino

（七十九）锯蕨属 *Micropolypodium* Hayata

280.叉毛锯蕨 *Micropolypodium sikkimense*（Hieron.）X. C. Zhang

（八十）盾蕨属 *Neolepisorus* Ching

281.盾蕨 *Neolepisorus ensatus*（Thunb.）Ching

282.江南星蕨 *Neolepisorus fortunei*（T. Moore）Li Wang

（八十一）滨禾蕨属 *Oreogrammitis* Copel

283.短柄禾叶蕨 *Oreogrammitis dorsipila*（Christ）Parris

（八十二）水龙骨属 *Polypodiodes* Ching

284.日本水龙骨 *Polypodiodes niponica*（Mett.）Ching

（八十三）石韦属 *Pyrrosia* Mirb.

285.石蕨 *Pyrrosia angustissima*（Giesenh. ex Diels）Tagawa & K. Iwats.

286.相近石韦 *Pyrrosia assimilis*（Baker）Ching

287.光石韦 *Pyrrosia calvata*（Baker）Ching

288.石韦 *Pyrrosia lingua*（Thunb.）Farw.

289.有柄石韦 *Pyrrosia petiolosa*（Christ）Ching

290.庐山石韦 *Pyrrosia sheareri*（Baker）Ching

（八十四）修蕨属 *Selliguea* Bory

291.恩氏假瘤蕨 *Selliguea engleri*（Luerss.）Fraser-Jenk.

292.金鸡脚假瘤蕨 *Selliguea hastata*（Thunb.）Fraser-Jenk.

293.屋久假瘤蕨 *Selliguea yakushimensis*（Makino）Fraser-Jenk.

附录二　景宁石松类和蕨类植物组成

中文名	拉丁名	全国种数	浙江种数	景宁种数
一、石松类	Lycophytes			2科5属23种
1.石松科	Lycopodiaceae	5属69种	4属10种	4属9种
石杉属	*Huperzia* Bernh.	31	2	3
藤石松属	*Lycopodiastrum* Holub ex Dixit	1	1	1
石松属	*Lycopodium* L.	14	4	2
马尾杉属	*Phlegmariurus* Holub	23	3	3
2.卷柏科	Selaginellaceae	1属73种	1属15	1属14种
卷柏属	*Selaginella* P. Beauv.	73	15	14
二、蕨类	Ferns			28科84属293种
3.木贼科	Equisetaceae	1属10种	1属3种	1属2种
木贼属	*Equisetum* L.	10	3	2
4.瓶尔小草科	Ophioglossaceae	3属22种	2属6种	2属6种
阴地蕨属	*Botrychium* Sw.	12	4	4
瓶尔小草属	*Ophioglossum* L.	9	2	2
5.松叶蕨科	Psilotaceae	1属1种	1属1种	1属1种
松叶蕨属	*Psilotum* Sw.	1	1	1
6.合囊蕨科	Marattiaceae	3属30种	1属1种	1属1种
莲座蕨属	*Angiopteris* Hoffm.	28	1	1
7.紫萁科	Osmundaceae	2属8种	2种4种	2属4种
紫萁属	*Osmunda* L.	7	3	3
桂皮紫萁属	*Osmundastrum* C. Presl	1	1	1
8.膜蕨科	Hymenophyllaceae	7属51种	3属12种	3属10种
假脉蕨属	*Crepidomanes* C. Presl	13	2	2
膜蕨属	*Hymenophyllum* Sm.	23	6	4
瓶蕨属	*Vandenboschia* Copel.	7	4	4
9.里白科	Gleicheniaceae	3属16种	2属4种	2属4种
芒萁属	*Dicranopteris* Bernh.	6	1	1
里白属	*Diplopterygium*（Diels）Nakai	9	3	3
10.海金沙科	Lygodiaceae	1属9种	1属1种	1属1种
海金沙属	*Lygodium* Sw.	9	1	1

续表

中文名	拉丁名	全国种数	浙江种数	景宁种数
11.蘋科	Marsileaceae	1属3种	1属2种	1属1种
蘋属	*Marsilea* L.	3	2	1
12.槐叶蘋科	Salviniaceae	2种5种	2属2种	2属2种
满江红属	*Azolla* Lam.	2	1	1
槐叶蘋属	*Salvinia* Ség.	3	1	1
13.瘤足蕨科	Plagiogyriaceae	1属8种	1属4种	1属4种
瘤足蕨属	*Plagiogyria*（Kunze）Mett.	8	4	4
14.金毛狗科	Cibotiaceae	1属2种	1属1种	1属1种
金毛狗属	*Cibotium* Kaulf.	2	1	1
15.桫椤科	Cyatheaceae	2属14种	1属2种	1属1种
黑桫椤亚属	Subgen. *Gymnosphaera*（Blume）Q. Xia	5	2	1
16.鳞始蕨科	Lindsaeaceae	4属17种	2属4种	2属3种
鳞始蕨属	*Lindsaea* Dryand. ex Sm.	13	2	2
乌蕨属	*Odontosoria* Fée	2	2	1
17.凤尾蕨科	Pteridaceae	21属235种	9属50种	9属31种
铁线蕨属	*Adiantum* L.	39	10	3
粉背蕨属	*Aleuritopteris* Fée	33	2	2
车前蕨属	*Antrophyum* Kaulf.			1
水蕨属	*Ceratopteris* Brongn.			1
碎米蕨属	*Cheilanthes* Sw.	17	4	3
凤了蕨属	*Coniogramme* Fée	26	8	4
书带蕨属	*Haploptreis* C. Presl	14	3	1
金粉蕨属	*Onychium* Kaulf.	10	2	2
凤尾蕨属	*Pteris* L.	97	19	14
18.碗蕨科	Dennstaedtiaceae	7属53种	6属19种	6属14种
碗蕨属	*Dennstaedtia* Bernh.	9	4	3
栗蕨属	*Histiopteris*（J. Agardh）J. Sm.			1
姬蕨属	*Hypolepis* Bernh	8	1	1
鳞盖蕨属	*Microlepia* C. Presl	29	9	6
稀子蕨属	*Monachosorum* Kunze			1
蕨属	*Pteridium* Gled. ex Scop.	7	2	2
19.冷蕨科	Cystopteridaceae	3属20种	2属2种	2属2种
亮毛蕨属	*Acystopoteris* Nakai	3	1	1

续表

中文名	拉丁名	全国种数	浙江种数	景宁种数
羽节蕨属	*Gymnocarpium* Newman	5	1	1
20.轴果蕨科	Rhachidosoraceae			1属1种
轴果蕨属	*Rhachidosorus* Ching			1
21.肠蕨科	Diplaziopsidaceae	1属3种	1属1种	1属1种
肠蕨属	*Diplaziopsis* C. Chr.	3	1	1
22.铁角蕨科	Aspleniaceae	2属108种	2属25种	2属17
铁角蕨属	*Asplenium* L.	90	23	16
膜叶铁角蕨属	*Hymenasplenium* Hayata	18	2	1
23.金星蕨科	Thelypteridaceae	18属199种	11属43种	11属32种
钩毛蕨属	*Cyclogramma* Tagawa	9	1	1
毛蕨属	*Cyclosorus* Link	44	12	4
圣蕨属	*Dictyocline* T. Moore	4	3	2
茯蕨属	*Leptogramma* J. Sm.	9	2	2
针毛蕨属	*Macrothelypteris*（H. Itô）Ching	8	5	4
凸轴蕨属	*Metathelypteris*（H. Itô）Ching	12	5	5
金星蕨属	*Parathelypteris*（H. Itô）Ching	29	8	7
卵果蕨属	*Phegopteris*（C. Presl）Fée	3	1	1
星月蕨属	*Pronephrium* C. Presl			1
假毛蕨属	*Pseudocyclosorus* Ching	38	3	3
紫柄蕨属	*Pseudophegopteris* Ching	14	2	2
24.蹄盖蕨科	Athyriaceae	5属282种	5属57种	5属43种
安蕨属	*Anisocampium* C. Presl	4	2	1
蹄盖蕨属	*Athyrium* Roth	137	16	12
角蕨属	*Cornopteris* Nakai	12	3	3
对囊蕨属	*Deparia* Hook. & Grev.	72	15	10
双盖蕨属	*Diplazium* Sw.	98	21	17
25.球子蕨科	Onocleaceae	3属4种	1属1种	1属1种
东方荚果蕨属	*Pentarhizidium* Hayata	2	1	1
26.乌毛蕨科	Blechnaceae	8属14种	3属5种	2属3种
乌毛蕨属	*Blechnum* L.	1	1	1
狗脊属	*Woodwardia* Smith	5	3	2
27.鳞毛蕨科	Dryopteridaceae	10属496种	7属93种	7属66种
复叶耳蕨属	*Arachniodes* Blume	40	14	10

续表

中文名	拉丁名	全国种数	浙江种数	景宁种数
实蕨属	*Bolbitis* Schott	25	1	1
肋毛蕨属	*Ctenitis*（C. Chr.）C. Chr.	10	4	4
贯众属	*Cyrtomium* C. Presl	31	7	1
鳞毛蕨属	*Dryopteris* Adans.	176	46	38
舌蕨属	*Elaphoglossum* Schott ex J.Sm.	8	1	1
耳蕨属	*Polystichum* Roth	209	20	11
28.肾蕨科	Nephrolepidaceae	1属5种	1属1种	1属1种
肾蕨属	*Nephrolepis* Schott	5	1	1
29.骨碎补科	Davalliaceae	4属17种	3属4种	2属3种
小膜盖蕨属	*Araiostegia* Copel.	4	1	1
阴石蕨属	*Humata* Cav.	4	2	2
30.水龙骨科	Polypodiaceae	39属267种	14属53种	13属37种
节肢蕨属	*Arthromeris*（T. Moore）J. Sm.	18	2	1
槲蕨属	*Drynaria*（Bory）J. Sm.	9	1	1
伏石蕨属	*Lemmaphyllum* C. Presl	6	4	3
鳞果星蕨属	*Lepidomicrosorium* Ching & K. H. Shing	3	2	2
瓦韦属	*Lepisorus*（J. Sm.）Ching	52	11	7
薄唇蕨属	*Leptochilus* Kaulf.	16	5	5
剑蕨属	*Loxogramme*（Blume）C. Presl	12	4	4
锯蕨属	*Micropolypodium* Hayata	3	2	1
盾蕨属	*Neolepisorus* Ching	5	4	2
滨禾蕨属	*Oreogrammitis* Copel.	7	1	1
水龙骨属	*Polypodiodes* Ching	13	4	1
石韦属	*Pyrrosia* Mirbel	32	8	6
修蕨属	*Selliguea* Bory	49	5	3
合计		40科176属2270种（含种下等级）	35科100属438种（含种下等级）	30科89属316种（含种下等级）

注:本表科的顺序按照 *Flora of China* 中的顺序排列,属和种按字母顺序排列。

中文名索引

拉丁名索引

后 记

　　《景宁石松类和蕨类植物》即将面世，我们心中充满了感慨与期待。这是我们十年来对景宁石松类和蕨类植物研究的结晶，更是对丰富多样的景宁石松类和蕨类植物的展示。

　　在景宁石松类和蕨类植物调查起步阶段，我们对其多样性和复杂性认识不足，盲目地采集标本，以为多购置相关书籍按图索骥就能解决问题。但随着调查的深入，我们发现事情并非如此简单，很多标本似是而非，对物种的分类与鉴定一头雾水，工作一度陷入困境。为此，我们有幸先后两次邀请中国科学院植物研究所专家亲临景宁指导，才有了头绪，工作得以顺利推进。在图书的编写过程中，我们深感专业知识的不足，但经过坚持不懈地强化学习，多方求教，反复修改，总算完成了任务。我们爬山岭，穿峡谷，被家乡景宁的石松类和蕨类植物深深吸引。无论是心慕已久的相遇，还是意外的发现，在野外观察到的每一个物种都使我们怦然心动，永世难忘。原生的石松类和蕨类植物远比书上展示的更生动、更迷人、更精彩，我们期望随着本书的出版，有更多的人了解景宁、走进景宁、热爱景宁，亲身体验景宁石松类和蕨类植物的丰富多彩，观赏其美妙多姿，窥探其原生态秘境，追寻其分布轨迹。

　　承蒙中国科学院植物研究所研究员、中国植物学会蕨类植物专业委员会主任张宪春为本书作序及在编写过程中给予全面指导，协同中国科学院华南植物园研究员严岳鸿和中国科学院植物研究所研究员卫然多次帮忙鉴定标本，指导相关论文的撰写和名录的编制，使得《景宁石松类和蕨类植物》顺利出版，编研人员受益极大。在此向张宪春先生表示衷心的感谢。

　　在本书的编写过程中，承蒙浙江大学教授、浙江省植物学会副理事长丁炳扬，以及浙江省森林资源监测中心正高级工程师陈征海、高级工程师谢文远给予诸多指导与帮助；承蒙景宁畲族自治县经济商务科技局梅旭东、丽水市市场监督管理局吴东浩全程支持和帮助。在此对他们表示由衷的感谢。